黄河跨省界水环境补偿机制研究

闫　莉　余真真　张　萍　著

U0343474

黄河水利出版社
·郑州·

内 容 提 要

以黄河省界断面水体化学需氧量(COD)、氨氮浓度为主要因子,结合水资源管理需求划分时间单元,搭建黄河省界断面水质、水量传递影响模型,量化上游省区及本地超标取水、排污对下游省区出境断面水质超标的贡献率,界定省界污染利益相关方及相关各要素对水污染的贡献程度。根据污染损害开展黄河跨省界污染补偿主体与补偿对象、补偿金测算方法和补偿标准、补偿方式、实施保障等研究,提出黄河跨省界水环境补偿机制框架。

本书可供水利部门、环境保护部门从事水资源保护、水污染防治、生态补偿研究的专业技术人员,环境管理、水资源管理人员,以及大专院校环境科学相关专业的师生参考阅读。

图书在版编目(CIP)数据

黄河跨省界水环境补偿机制研究/闫莉,余真真,张萍著.
郑州:黄河水利出版社,2017.3
ISBN 978 - 7 - 5509 - 1706 - 4

Ⅰ.①黄…　Ⅱ.①闫…②余…③张…　Ⅲ.①黄河 - 水环境 - 补偿机制 - 研究　Ⅳ.①TV213.4

中国版本图书馆 CIP 数据核字(2017)第 056608 号

出　版　社:黄河水利出版社
　　　　地址:河南省郑州市顺河路黄委会综合楼 14 层　邮政编码:450003
发行单位:黄河水利出版社
　　　　发行部电话:0371 - 66026940、66020550、66028024、66022620(传真)
　　　　E-mail:hhslcbs@ 126. com
承印单位:河南新华印刷集团有限公司
开本:890 mm × 1 240 mm　1/32
印张:5.625
字数:162 千字　　　　　　　　　　印数:1—1 000
版次:2017 年 3 月第 1 版　　　　　印次:2017 年 3 月第 1 次印刷
定价:36. 00 元

前　言

实施生态保护补偿是调动各方积极性、保护好生态环境的重要手段,是生态文明制度建设的重要内容。2005 年,党的十六届五中全会《关于制定国民经济和社会发展第十一个五年规划的建议》首次提出,按照"谁开发、谁保护,谁受益、谁补偿"的原则,加快建立生态补偿机制。党的十八大报告明确要求建立反映市场供求和资源稀缺程度、体现生态价值和代际补偿的资源有偿使用制度和生态补偿制度。2015 年 4 月,国务院印发的《水污染防治行动计划》(国发〔2015〕17 号)提出:"实施跨界水环境补偿。探索采取横向资金补助、对口援助、产业转移等方式,建立跨界水环境补偿机制,开展补偿试点。"2016 年 4 月,《国务院办公厅关于健全生态保护补偿机制的意见》(国办发〔2016〕31号)印发,要求在江河源头区、集中式饮用水水源地、大江大河重要蓄滞洪区等全面开展生态保护补偿,适当提高补偿标准。2016 年 12 月,环境保护部、水利部等四部门出台指导意见,要加快建立流域上下游横向生态保护补偿机制,推进生态文明体制建设,下游对上游做出环保补偿,同时享有水质恶化、上游过度用水的受偿权利。

黄河,是中华民族的母亲河,是我国第二长河,全长约 5 464 km,流经青海、四川、甘肃、宁夏、内蒙古、山西、陕西、河南及山东 9 个省(自治区)。黄河跨界水污染现象较为突出。目前,黄河流域跨界水污染造成的水事纠纷不断,严重阻碍了经济社会的发展。

本书以黄河流域水资源量、各省区用水量以及干流主要省界断面水质状况等因素作为补偿的重要依据,以黄河流域各省区用水及排污对下游省区的影响为核心,围绕流域水环境补偿依据、补偿模式、补偿标准、实现途径等关键问题开展研究工作。

全书共分 8 章。第 1 章为项目背景及研究思路;第 2 章探讨了流域水环境补偿理论基础与国内外实践;第 3 章介绍了黄河流域概况;第

4 章针对黄河流域水环境补偿机制框架开展研究;第 5 章构建了黄河跨省界水环境生态补偿模型;第 6 章开展了黄河省界断面水质、水量传递影响分析;第 7 章提出了跨界水污染的补偿方案;第 8 章建立了黄河干流省界断面水质、水量传递影响可视化系统。

本书针对黄河干流上下游、左右岸水环境关系复杂的问题,从水环境系统自身演变规律出发,探究跨界水污染责任划分,明确利益相关方及相关各要素对水污染的贡献程度,促进解决跨界水污染责任不明晰的问题,为在我国全面开展流域水环境补偿相关损益核算提供实用化评估技术,为提出流域上下游水环境补偿机制框架提供技术支持。

本书是在国家自然科学基金项目(编号:51709126)、水利部水资源费项目(编号:1261420145064)课题研究成果的基础上撰写而成的。本书的顺利完成与课题组成员的共同努力是分不开的,在此对参加课题的所有人员表示真诚的感谢。

近年来,一些流域已积极开展生态补偿试点建设,但从总体上看,这项工作仍处于起步阶段,尚有许多问题需要深入研究。

由于作者水平所限,书中难免有疏漏及不足之处,敬请读者批评指正。

作 者
2017 年 2 月

目　录

第1章 项目背景及研究思路

1.1 研究背景

（1）黄河跨省区水环境问题急需解决。

黄河是我国西北、华北地区重要的水源,流域人口密集,城市众多,水资源短缺和水体污染已成为黄河面临的重大问题。近 20 年来,随着黄河流域经济社会快速发展,尤其是宁夏、内蒙古、山西、陕西、河南等上中游重要能源基地和城市群的深入开发,石嘴山、头道拐、龙门、潼关、高村等省界断面水质不容乐观。近 10 年来,黄河宁蒙交界、晋陕蒙交界河段,以及潼关至三门峡晋陕豫交界河段水体未达到水质目标,跨省界水污染问题仍持续存在,严重制约了经济社会的可持续发展,加之时有发生的突发性水污染事件,跨省界水污染越来越成为黄河水资源保护日常管理工作中最受关注的问题。

除接纳沿河污染物外,陆域超指标取耗水造成河流水体纳污能力降低成为引起河流水环境问题的另一个主要因素。根据黄河流域取耗水量调查,近年来随着流域经济社会的快速发展,流域各省区取耗水量基本稳中有升,除陕西、山西两省外,其他省区部分年份均存在超指标取耗水的问题,其中宁夏、内蒙古两自治区超指标引水现象较为严重。因此,急需兼顾考虑水质、水量两个因素,解决划分跨界水污染责任、界定水污染损失,建立水环境补偿、赔偿的机制等技术性问题。

（2）现行水资源管理制度对水生态补偿提出迫切要求。

2012 年,《国务院关于实行最严格水资源管理制度的意见》明确提出建立水生态补偿机制。《水利部关于加快推进水生态文明建设工作的意见》(水资源〔2013〕1号)明确指出,鼓励运用经济手段促进水资源的节约与保护,探索建立以重点功能区为核心的水生态共建与利益共享的水生态补偿长效机制。党的十八大和十八届三中全会报告均明确提出建立生态补偿制度。

流域与水有关的生态补偿包含类型较多,涉及范围及对象复杂。水环境补偿是水生态补偿的重要组成,河流水环境与经济社会发展关系紧密,在水生态系统中,水体水量、水质的变化能够最直接地反映经济社会发展对水生态系统产生的影响,而且水资源、水质管理是水行政主管部门的重要职责,因此本书重点开展黄河流域水环境补偿的研究,作为建立水生态补偿长效机制的初步探索。

在当前国家实施最严格水资源管理制度的新形势下,制订跨界水环境补偿方案,应用最严格水资源管理制度考核结果对流域各省区征收或下达水环境补偿金,开展流域跨省区水环境补偿,是落实最严格水资源管理制度"三条红线"(用水总量控制、用水效率控制和水功能区限制纳污)的重要保障,是针对考核结果提出的重要奖惩手段,将能够促进考核对省区水资源保护工作激励和约束作用的发挥。

(3)水环境补偿实践缺少对水量保证因素的考量。

水量、水质是组成水环境的两个重要要素,水环境补偿应面向水量保证、水质保持两方面保护内容。近年来,我国部分省区已经开展了水环境补偿工作,新安江等流域更是突破开展了跨省级行政区水环境补偿实践。总体来看,我国的水环境补偿实践仍处于起步阶段,目前主要侧重考虑水质因素,大多以污染物浓度是否达标作为是否补偿或被补偿的判别标准。但实际情况是受影响水域水质超标不但来源于相邻及本地水域超指标排污,还与超指标取耗水有直接关系,此外,水量的保证亦为区域经济社会发展提供了重要的服务价值。因此,区域用水总量、跨省区水体水质目标、污染物入河量都是评判相互水污染损害的重要依据,均应成为制订水环境补偿方案的重要指标。在已开展的水环境补偿实践中,以单一省级行政区范围内较小的流域为主,对于较大流域,由于上下游涉及省区多、损益关系界定较为复杂,目前开展的补偿实践较少。

本书以黄河流域水资源量、各省区用水量以及干流主要省界断面水质状况等因素作为补偿的重要依据,以黄河流域各省区用水及排污对下游省区的影响为核心,围绕流域水环境补偿依据、补偿模式、补偿标准、实现途径等关键问题开展研究工作。

(4)实施黄河流域水环境补偿工作具备良好的基础。

黄河流域现行水资源管理制度为实施流域水环境补偿工作奠定了良好的基础。黄河流域大部分区域水资源短缺、供需矛盾突出,为实现黄河水资源的可持续利用,国家对黄河水量实行统一调度。国务院批准的黄河水量分配方案,是黄河水量调度的依据,有关地方人民政府和黄河水利委员会及其所属管理机构必须执行。

目前国家实施最严格水资源管理制度,主要包括用水总量控制制度、用水效率控制制度、水功能区限制纳污制度、考核制度,确定了用水总量控制红线、用水效率红线、水功能水质达标率,并对上述控制指标进行考核。

上述水资源管理制度的实施,对流域内各省区的用水总量、重要江河湖泊水功能区水质均提出了明确的要求,是开展流域水环境补偿的重要依据。目前最严格水资源管理制度主要控制指标已实现定量监控及考核,使得开展流域水环境补偿具备了对相关责任进行定量评估的条件。黄河水利委员会作为水利部派出的流域管理机构,在黄河流域内依法行使水行政管理职责,长期与流域内各省区共同负责黄河流域水资源的开发、利用与保护,为流域水环境补偿工作的组织实施创造了条件。

1.2   研究目的

从现行水资源管理制度出发,构建基于水质、水量两个重要水环境要素,且在现阶段具有操作性的流域水环境补偿机制框架,作为建立流域水生态补偿长效机制的初步探索。针对黄河干流上下游、左右岸水环境关系复杂的问题,从水环境系统自身演变规律出发,探究跨界水污染责任划分,明确利益相关方及相关各要素对水污染的贡献程度,促进解决跨界水污染责任不明晰的问题,为在我国全面开展流域水环境补偿相关损益核算提供实用化评估技术,为提出流域上下游水环境补偿机制框架提供技术支持。

1.3   研究思路

分析流域水环境补偿的理论基础,重点调查我国跨界水环境补偿的现状及存在的主要问题,结合黄河流域自然条件、经济社会发展、水资源和水环境基本情况,立足于现行水资源管理制度,提出黄河流域水环境补偿机制内涵,构建流域水环境补偿机制框架,明确补偿方式、补偿主客体、补偿依据及指标、实施机制等内容。

针对黄河流域水环境补偿中跨省区水污染责任难以界定的问题,开展黄河省界断面水质、水量传递影响研究,通过建立黄河干流省界断面水质、水量传递影响模型,科学客观地确定利益相关方及相关各要素对水污染的贡献程度,解决水污染损害责任界定关键技术。充分利用现有水文、水质、取水、排污等监测成果,考虑区间污染物输入系统、污染物在水体中稀释扩散系统和污染物衰减系统等要素,根据水环境系统自身演变规律,以省界断面水体化学需氧量(COD)、氨氮浓度为主要研究因子,结合水资源管理需求划分时间单元,搭建水污染损害责任模型,通过函数转换,实现量化上游及本地超标取水、排污对下游省区出境断面水质超标的贡献率,从而相应界定损害责任关系。

研究技术路线见图1-1。

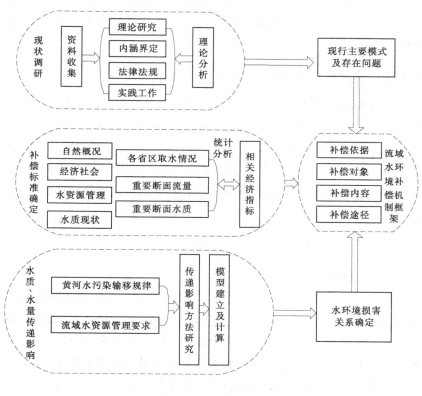

图 1-1　研究技术路线

1.4　主要研究内容

1.4.1　河流水环境补偿机制国内外研究与实施现状调查

调查国内外河湖水环境补偿机制、补偿标准测算方法研究现状。

对国内外已实施的跨区域河流水环境补偿实践活动进行调查,重点对河南、陕西等省区以及太湖流域、新安江流域等开展调研,分析河流跨界水环境补偿实施现状及存在的主要问题。在此基础上,结合黄河流域水资源管理的实际,识别出黄河流域水环境补偿方面急需解决的问题。

1.4.2　黄河跨省界水环境补偿机制框架研究

针对水环境补偿需要解决的问题,借鉴国内外有关补偿的研究方法和经验,开展黄河干流跨省界水环境补偿机制框架研究,确定建立黄河干流跨省界水环境补偿机制的定位、目标、原则。在黄河流域跨省界水质、水量传递影响的基础上,研究确定黄河流域水环境补偿的内涵、主要类型、责任主体及补偿客体、补偿途径、补偿依据和补偿标准等,提出实施机制建议。

1.4.3　黄河流域跨省界水环境补偿研究

1.4.3.1　模型构建

从水环境系统水质演变规律出发,根据黄河干流各功能区排污重心、取水重心情况,将河段内众多排污口、取水口进行概化处理,建立黄河干流省界断面水质、水量传递影响模型,利用规范化、流程化的流域水环境损害计量模型,通过函数转换计算上游及本地超标取水、排污对下游断面水质超标的影响程度,探究跨界水污染损害责任划分。

1.4.3.2　水污染损害责任模型建立及计算

造成水环境质量好于或劣于既定水功能区水质目标的主要原因考虑相关水域取耗水量方案、入河污染物总量超标,以此为研究条件,确定主要污染物、追责前提及研究时段,以上述方案为设计条件输入黄河省界断面水质、水量传递影响模型,计算得到黄河上游河段排污、取水超标量对下游断面水质的影响贡献率。

第 2 章　流域水环境补偿理论基础与国内外实践

2.1　水环境补偿理论基础研究现状

水环境补偿是与水环境有关的生态补偿,是生态补偿在水资源和水环境保护方面的具体应用。水环境补偿与生态补偿具有相同的理论基础,本书将从生态补偿的理论基础着手,对水环境补偿进行分析。

2.1.1　生态补偿理论研究

生态补偿的提出、应用和发展,是多学科共同研究如何协调人类社会与资源环境之间的关系的产物,特别是经济学对资源环境问题关注的结果。

20 世纪 40 年代,随着社会经济的飞速发展,环境问题日益严重,自然环境系统对人类社会生存发展的支撑能力大大削弱,给人类未来的可持续发展造成了一定程度的威胁,在世界范围内引发了人类对环境与发展前景的关注。从 20 世纪 50 年代起,经济学界开始对资源环境问题进行研究和探讨,并发展出环境经济学。人们逐渐认识到,劳动创造财富的能力要受到自然条件的限制,无视自然环境的限制,将会给环境与生态带来长期性的破坏,从而损害后代人的利益。人类社会的可持续发展从根本上取决于生态系统及其服务的可持续性,要想维护后代人的利益,促进人类社会的可持续发展,必须靠国家干预,做出促进自然资本合理开发的科学决策,避免损害生态系统服务的短期经济行为。在这样的认知背景下,生态补偿作为一种资源环境管理的经济手段开始得到越来越多的应用。

2.1.1.1 生态补偿的概念和内涵

生态补偿虽是当前学术界研究的热点问题之一,但迄今为止,国内外对生态补偿的定义仍没有统一认识。生态补偿的概念起源于生态学理论,最初专指自然生态补偿,《环境科学大辞典》将自然生态补偿定义为"生物有机体、种群、群落或生态系统受到干扰时,所表现出来的缓和干扰、调节自身状态使生存得以维持的能力,或者可以看作生态负荷的还原能力"。20 世纪 90 年代以来,生态补偿被引入社会经济领域,更多地被理解为一种资源环境保护的经济刺激手段,生态补偿的内涵慢慢由生态环境赔偿向生态效益补偿转变,即由对生态破坏者进行赔偿惩罚转变为对生态环境保护和建设者进行财政补偿或奖励。

在我国,生态补偿理论是在对森林生态效益补偿和矿区恢复等实践探索中逐步演化并发展起来的。目前,生态补偿比较受认可的定义是中国环境与发展国际合作委员会成立的"生态补偿机制"课题组提出的:生态补偿是以保护和可持续利用生态系统服务为目的,以经济手段为主调节相关者利益关系的制度安排。更详细地说,生态补偿机制是以保护生态环境、促进人与自然和谐发展为目的,根据生态系统服务价值、生态保护成本、发展机会成本,运用行政和市场手段,调节生态保护利益相关者之间利益关系的公共制度。

生态补偿主要包括三个要素:一是对生态系统施加活动的行为主体;二是行为主体经济活动影响的客体;三是由于生态系统服务功能改变而受到影响的利益相关者。生态补偿的主要内容包括四个方面:一是对生态系统本身保护(恢复)或破坏的成本进行补偿;二是通过经济手段将经济效益的外部性内部化;三是对个人或区域保护生态系统和环境的投入或放弃发展机会的损失的经济补偿;四是对具有重大生态价值的区域或对象进行保护性投入。

生态补偿机制的建立以公共产品理论、外部性理论和生产资本理论为理论基础,以内化外部成本为原则。对保护行为的外部经济性的补偿依据是保护者为改善生态服务功能所付出的额外的保护与相关建设成本和为此而牺牲的发展机会成本;对破坏行为的外部不经济性的补偿依据是恢复生态服务功能的成本和因破坏行为造成的被补偿者发展机会成本的损失。

2.1.1.2 生态补偿的总体框架

1. 生态补偿重点领域

从宏观尺度来看,生态补偿可分为国际生态补偿和国内生态补偿。国际生态补偿包括诸如全球森林和生物多样性保护、污染转移(产业、产品和污染物)、温室气体排放和跨界水资源等引发的生态补偿问题;国内生态补偿包括流域补偿、生态系统服务功能补偿、资源开发补偿和重要生态功能区补偿等几个方面。生态补偿问题涉及许多部门和地区,具有不同的补偿类型、补偿主体、补偿内容和补偿方式,详见表2-1。

表2-1 生态补偿的地区范围、类型、内容和方式

地区范围	补偿类型	补偿内容	补偿方式
国际生态补偿	全球、区域和国家之间的生态及环境问题	全球森林和生物多样性保护、污染转移、温室气体排放、跨界水资源等	多边协议下的全球购买区域或双边协议下的补偿全球、区域和国家之间的市场交易
国内生态补偿	流域补偿	大流域上下游间的补偿、跨省界的中型流域的补偿、地方行政辖区的小流域补偿	地方政府协调财政转移支付市场交易
	生态系统服务功能补偿	森林生态补偿、草地生态补偿、湿地生态补偿、自然保护区补偿、海洋生态补偿、农业生态补偿	国家(公共)补偿财政转移支付生态补偿基金市场交易企业与个人参与
	重要生态功能区补偿	水源涵养区,生物多样性保护区,防风固沙、土壤保持区,调蓄防洪区	中央、地方(公共)补偿NGO捐赠私人企业参与
	资源开发补偿	土地复垦、植被修复	受益者付费破坏者负担开发者负担

2. 生态补偿原则

1）破坏者付费原则

这一原则主要是针对行为主体对公益性的生态环境产生不良影响从而导致生态系统服务功能退化的行为进行补偿。它适用于区域性的生态问题责任的确定。

2）使用者付费原则

生态资源属于公共资源,具有稀缺性,应该按照使用者付费原则,由生态环境资源占用者向国家或公众利益代表提供补偿。该原则可应用在资源和生态要素管理方面,如占用耕地、采伐利用木材和非木质资源、矿产资源开发等,企业在取得资源开发权时,需要向国家缴纳资源占用费。

3）受益者付费原则

在区域之间或者流域上下游间,应该遵循受益者付费原则,即受益者应该对生态环境服务功能提供者支付相应的费用。例如,对国家生态安全具有重要意义的大江大河源头区、防风固沙区、洪水调蓄区等区域的保护与建设,对国家级自然保护区与国家级地质遗迹或自然与文化遗产的保护,受益范围是整个国家乃至世界,国家应当承担其保护与建设的主要责任。同时,国际社会亦应承担相应责任。区域或流域内的公共资源,由公共资源的全部受益者按照一定的分担机制承担补偿的责任。

4）保护者得到补偿原则

对生态建设或保护做出贡献的集体和个人,对其投入的直接成本和丧失的机会成本应给予补偿和奖励。

3. 补偿主体的确定

生态补偿主体,可以按照责任范围进行划分。一般来说,对大面积的森林、湿地、草地等重要生态功能区和国家级自然保护区等生态系统服务的补偿主要由中央政府重点解决;对矿产资源开发和跨界中型流域的生态补偿机制应由中央政府和利益相关者共同解决;地方政府重点是建立好城市水源地和本辖区内小流域的生态补偿机制,并配合中央政府建立跨界中型流域的补偿问题。对于区域间以及重要生态功能区的生态补偿问题,应当在流域和生态系统服务诸要素的生态补偿的基础上进行整合,并结合不同区域的特点和生态系统服务的贡献等进行综合考虑。

4.补偿标准确定的方法与依据

生态补偿标准的确定一般参照四个方面的价值进行初步核算:一是生态保护者的直接投入和机会成本;二是生态受益者的获利;三是生态破坏的恢复成本;四是生态系统服务的价值。

1)按生态保护者的直接投入和机会成本计算

生态保护者为了保护生态环境,投入的人力、物力和财力应纳入补偿标准的计算之中。同时,由于生态保护者要保护生态环境,牺牲了部分的发展权,这一部分机会成本也应纳入补偿标准的计算之中。从理论上讲,直接投入与机会成本之和应该是生态补偿的最低标准。

2)按生态受益者的获利计算

生态受益者没有为自身所享有的产品和服务付费,使得生态保护者的保护行为没有得到应有的回报,产生了正外部性。为使生态保护的这部分正外部性内部化,需要生态受益者向生态保护者支付这部分费用。因此,可通过产品或服务的市场交易价格和交易量来计算补偿的标准。

通过市场交易来确定补偿标准简单易行,同时有利于激励生态保护者采用新的技术来降低生态保护的成本,促使生态保护的不断发展。

3)按生态破坏的恢复成本计算

资源开发活动会造成一定范围内的植被破坏、水土流失、水资源破坏、生物多样性减少等,直接影响到区域的水源涵养、水土保持、景观美化、气候调节、生物供养等生态服务功能,减少了社会福利。因此,按照谁破坏谁恢复的原则,需要将环境治理与生态恢复的成本核算作为生态补偿标准的参考。

4)按生态系统服务的价值计算

生态服务功能价值评估主要是针对生态保护或者环境友好型的生产经营方式所产生的水土保持、水源涵养、气候调节、生物多样性保护、景观美化等生态服务功能价值进行综合评估与核算。国内外已经对相关的评估方法进行了大量的研究。就目前的实际情况,由于在采用的指标、价值的估算等方面尚缺乏统一的标准,且在生态系统服务功能与现实的补偿能力方面有较大的差距,因此一般按照生态服务功能计算出的补偿标准只能作为补偿参考和理论上限值。

参照上述计算,综合考虑国家和地区的实际情况,特别是经济发展水平和生态破坏,通过协商和博弈确定当前的补偿标准;最后根据生态保护和经济社会发展的阶段性特征,与时俱进,进行适当的动态调整。

5. 生态补偿的途径与方式

生态补偿的途径和方式很多,按照不同的准则有不同的分类体系。按照补偿方式可以分为资金补偿、实物补偿、政策补偿和智力补偿等;按照补偿条块可以分为纵向补偿和横向补偿;按照空间尺度大小可以分为生态环境要素补偿、流域补偿、区域补偿和国际补偿等;而补偿实施主体和运作机制是决定生态补偿方式本质特征的核心内容,按照实施主体和运作机制的差异,大致可以分为政府补偿和市场补偿两大类型。

1)政府补偿

根据我国的实际情况,政府补偿是目前开展生态补偿最重要的形式,也是目前比较容易启动的补偿方式。政府补偿是以国家或上级政府为实施和补偿主体,以区域、下级政府或农牧民为补偿对象,以国家生态安全、社会稳定、区域协调发展等为目标,以财政补贴、政策倾斜、项目实施、税费改革和人才技术投入等为手段的补偿方式。政府补偿包括财政转移支付、差异性的区域政策、生态保护项目实施、环境税费制度等。

2)市场补偿

交易的对象可以是生态环境要素的权属,也可以是生态环境服务功能,或者是环境污染治理的绩效或配额。通过市场交易或支付,兑现生态(环境)服务功能的价值。典型的市场补偿包括公共支付、一对一交易、市场贸易、生态(环境)标记等。

2.1.2 流域水环境补偿机制研究

水环境补偿是与水有关的生态补偿,是生态补偿在水资源和水环境保护方面的具体应用。国外与水有关的生态补偿研究开展于20世纪50年代,目前美国、欧盟、日本等形成了系统的水生态补偿政策与途径。我国的生态补偿起源于20世纪70年代的森林生态补偿,与水有关的生态补偿工作落后于草原生态补偿、森林生态补偿、矿山生态补偿等。近年来,随着经济社会发展对水量、水质的需求日益增强,不少地区都在探索开展适宜的水环境补偿途径。

2.1.2.1 水生态补偿的概念和内涵

水生态补偿是保持和维护水生态系统功能的一种手段,其本质是行为主体活动影响了水生态系统服务功能,增加、降低或损害了利益相关者对这种服务功能的享用效果,需要通过赔偿、补偿、支持、援助、补贴等一系列补偿的方式来促进水生态环境的保护、修复治理与建设,协调行为主体和利益相关者之间的利益关系,维护流域和区域水生态服务功能公平共享的权益。

水生态补偿的概念可以总结为:以保护水生态环境、促进人水和谐为目的,综合考虑水生态保护成本、发展机会成本、水生态系统的服务价值,运用政府和市场手段,调节水生态环境相关者之间利益关系的公共制度安排。

根据经济活动的性质和行为产生的影响效果,水生态补偿内容有广义与狭义之分。广义的水生态补偿,是通过对破坏生态的行为给予惩罚和对有利于保护与修复生态的行为给予支持和补偿,达到保护水生态目的的活动。主要体现在:①对水生态环境破坏行为的惩罚,即赔偿;②对水生态环境破坏的空间范围内受影响的相关人群迁移的补偿;③对水生态环境建设和保护者投入的成本、做出的贡献、遭受的损失,给予补助、支持、援助;④对水生态环境修复治理的投入、做出的牺牲和遭受的损失,给予补偿。狭义的水生态补偿,主要是对水生态保护与修复治理活动进行的投入、相关人群做出的贡献、减少发展机会的损失进行补偿,体现为水生态服务功能共享的利益群体之间的一种利益调整方式。

2.1.2.2 流域水环境补偿的主要内容

流域水环境补偿包含的主要内容有:①界定明确的补偿主体和受偿对象;②选择适宜的补偿方式;③确定补偿途径;④测算流域补偿标准。

1. 补偿主客体

建立流域水环境补偿的关键在于理顺各责任主体的关系,而责任主体的关系因流域尺度不同会有差异。流域水环境补偿的主体包括两个方面:一是一切从利用流域水资源中受益的群体;二是一切生活或生产过程中向外界排放污染物,影响流域水量和流域水质的个人、企业或单位。补偿客体是在执行水生态保护工作等保障水资源可持续利用方面做出贡献的地区,一般是流域上游区域。

确定明确的补偿主体和受偿对象,是开展流域水环境补偿的前提。在现有的流域中,大部分都是跨多个行政区域。由于流域的自然属性,上游区域对下游区域的影响是不可避免的。上游污染了水质,则下游就不能从流域中获得清洁水;上游不保护流域生态,下游也会受到危害。但上游某区域破坏流域生态的活动产生的负外部性实际上是由下游多个行政区域共同承担的,因此该区域应当对下游这些区域分别进行补偿。这种一对多的补偿和被补偿关系需要逐一确定补偿主体和补偿量,使流域水环境补偿过程变得异常复杂。

2. 补偿方式

流域水环境补偿的补偿方式包括资金补偿、实物补偿和政策补偿。

1)资金补偿

资金补偿是最常见、最易行的补偿方式,也是实践中最具实践效力的,具有直接、高效、实用的特点,是其他补偿方式无法相比的,水环境或水生态补偿基金是资金补偿的主要应用领域。

2）实物补偿

实物补偿是为了解决受偿对象的生产资料和生活资料问题而实施的一种补偿方式,补偿者给予被补偿者一定的实物补偿,有利于改善被补偿者的生活状况,增强其生产能力。这种补偿方式在实践中不是很常见。

3）政策补偿

政策补偿指中央和各地方政府通过制定各项优先权和优惠待遇的政策,以促进水环境补偿的顺利进行。利用制度资源和政策资源补偿十分重要,尤其是在资金贫乏、经济薄弱的流域上游地区,"给政策,就是一种补偿"。例如,针对流域上游生态建设与环境保护特点制定有针对性的财政政策、市场补偿政策、技术项目补偿政策、鼓励异地开发政策、税收优惠、提供优惠贷款等。

3. 补偿途径

补偿途径包括征收流域水生态补偿税、建立流域水生态补偿基金、实行信贷优惠、引进国外资金和项目等。从我国流域水生态补偿的实践可以看出,我国流域水生态补偿仍然以政府投资或政府主导的财政转移支付体系为主,私有资金投入较少,基于市场的流域水生态补偿仅仅零星、分散地存在局部地区,处于准市场或半市场化阶段,自由贸易市场仍然没有形成。未来随着我国流域水生态补偿的广泛开展,市场化途径应该是我国流域水生态补偿的有效手段。

4. 补偿标准

补偿标准测算包括三个方面:一是以上游地区为水质、水量达标所付出的努力即直接投入为依据,主要包括上游地区涵养水源、环境污染综合整治、农业非点源污染治理、城镇污水处理设施建设、修建水利设施等项目的投资;二是以上游地区为水质、水量达标所丧失的发展机会的损失即间接投入为依据,主要包括节水的投入、移民安置的投入以及限制产业发展的损失等;三是今后上游地区为进一步改善流域水质、水量而新建流域水环境保护设施、水利设施、新上环境污染综合整治项目等的延伸投入,也应由下游地区按水量和上下游经济发展水平的差距给予进一步的补偿。

2.2　国家法律法规、政策要求

在立法方面,我国政府陆续出台了一些涉及生态补偿的纲领性文件和法律规章。2002 年,国务院出台了《退耕还林条例》,对退耕还林的资金和粮食补助等做了明确规定。2003 年,新出台排污收费政策。2005 ~ 2006 年,国务院先后颁布了《关于落实科学发展观加强环境保护的决定》和《中华人民共和国国民经济和社会发展第十一个五年规划纲要》,两个纲领性文件都明确提出要尽快建立生态补偿制度。

2.2.1　法律中水环境补偿相关规定

我国目前并未针对生态补偿问题出台专门的法律,有关内容分散体现在有关法律法规中。《中华人民共和国水法》对合理开发、利用、节约和保护水资源做了一般性规定,确立了水资源开发利用兼顾上下游、左右岸和相关地区利益的原则,水利工程建设的前期补偿、后期扶持原则和取水许可制度、用水收费制度等。

2008 年修订的《中华人民共和国水污染防治法》首次以法律的形式,对水环境生态保护补偿机制做出明确规定:"国家通过财政转移支付等方式,建立健全对位于饮用水水源保护区区域和江河、湖泊、水库上游地区的水环境生态保护补偿机制。"

2015 年修订实施的《中华人民共和国环境保护法》明确提出建立生态保护补偿制度,第三十一条规定:"国家建立、健全生态保护补偿制度。国家加大对生态保护地区的财政转移支付力度。有关地方人民政府应当落实生态保护补偿资金,确保其用于生态保护补偿。国家指导受益地区和生态保护地区人民政府通过协商或者按照市场规则进行生态保护补偿。"

2.2.2 行政法规中与水有关的生态补偿的规定

部分行政法规中也涉及与水有关的补偿方面的内容,如《取水许可和水资源费征收管理条例》规定水资源费全额纳入财政预算,主要用于水资源的节约、保护和管理;《排污费征收使用管理条例》《水污染防治法实施细则》对排污费征收、使用的管理进行了详细规定。

2.2.3 政策性文件中与水有关的生态补偿的规定

2005 年 12 月,《国务院关于落实科学发展观加强环境保护的决定》指出,"要完善生态补偿政策,尽快建立生态补偿机制"。

2006 年 11 月,《中共中央关于构建社会主义和谐社会若干重大问题的决定》指出,"完善有利于环境保护的产业政策、财税政策、价格政策,建立生态环境评价体系和补偿机制,强化企业和全社会节约资源、保护环境的责任"。

2007 年 9 月,国家环保总局印发了《关于开展生态补偿试点工作的指导意见》,在自然保护区、重要生态功能区、矿产资源开发区和流域水环境等 4 个领域开展生态补偿试点。同年,国务院颁布的《节能减排综合性工作方案》也明确要求改进和完善资源开发生态补偿机制,开展跨流域生态补偿试点工作。

2007 年 10 月,党的十七大报告指出,"实行有利于科学发展观的财税制度,建立健全资源有偿使用制度和生态环境补偿机制"。在《中华人民共和国国民经济和社会发展第十二个五年规划》等文件中也有关于水生态补偿的表述。

2015 年 4 月,《水污染行动计划》明确提出,"实施跨界水环境补偿。探索采取横向资金补助、对口援助、产业转移等方式,建立跨界水环境补偿机制,开展补偿试点。深化排污权有偿使用和交易试点"。

2.3 跨界流域水环境补偿实践调查

2.3.1 国内跨界流域、区域水环境补偿工作

虽然我国生态补偿理论研究进展较为缓慢,但近年来跨流域、区域水环境补偿实践活跃,地方政府逐步开展了流域水环境补偿试点工作。本书筛选 9 个流域(区域)的水环境补偿工作进行分析。

2.3.1.1 新安江跨省流域水环境补偿

新安江发源于黄山市休宁县境内海拔 1 629 m 的六股尖,为钱塘江正源,是浙江省最大的入境河流,是黄山和浙江新安江流域的母亲河。2011 年 11 月,财政部、环保部等在新安江流域正式启动了全国首个跨省流域生态补偿机制试点工作,提出《新安江流域水环境补偿试点实施方案》,安徽省人民政府、浙江省人民政府签订了关于新安江流域水环境补偿的协议,由中央财政拨款 3 亿元和安徽、浙江两省各拨款 1 亿元共同设立总额为 5 亿元的新安江流域水环境补偿基金。若安徽水质优于基本标准,浙江补偿安徽,否则相反。新安江流域水环境补偿作为全国跨省大江大河流域水环境的首个试点,根据"明确责任、各负其责,地方为主、中央监管,监测为据、以补促治"的原则,由中央财政和安徽、浙江共同设立新安江流域水环境补偿基金,开展上下游间的水生态环境补偿。

新安江流域水环境补偿的主体是中央政府以及安徽、浙江省政府。对象是流域上下游的安徽、浙江两省。补偿模式为政府主导的专项基金。补偿资金专项用于新安江流域产业结构调整和产业布局优化、流域综合治理、水环境保护和水污染治理、生态保护等方面。具体包括上游地区涵养水源、水环境综合整治、农业非点源污染治理、重点工业企业污染防治、农村污水垃圾治理、城镇污水处理设施建设、船舶污染治理、漂浮物清理等。

2.3.1.2　江苏省水环境区域补偿

2007 年 12 月,江苏省政府办公厅发布了《江苏省环境资源区域补偿办法(试行)》和《江苏省太湖流域环境资源区域补偿试点方案》,先期选择胥河、丹金溧漕河、通济河、中河(北溪河)、南溪河、武宜运河、陈东港等河流开展试点。2014 年 10 月,江苏省在全省范围内有水环境保护责任的设区的市(不含所属县)、县(市)(简称市、县)的行政区域实施《江苏省水环境区域补偿实施办法(试行)》,市、县人民政府是本行政区域内水环境保护的责任主体。

水环境区域补偿依据江苏省确定(或认定)的跨市、县河流交界断面,直接入海、入湖、入江、入河断面,出省断面,以及国家重点考核断面、集中式饮用水水源地的水质目标及年度监测考核结果组织实施。

补偿采取政府财政转移支付方式,上游市、县出境的监测水质低于断面水质目标的,由上游市、县按照低于水质目标值部分和省规定的补偿标准向省财政缴纳补偿资金,通过省财政对下游市、县进行补偿。上游市、县出境的监测水质高于断面水质目标的,由下游市、县按照高于水质目标值部分和省规定的补偿标准向省财政缴纳补偿资金,通过省财政对上游市、县进行补偿。各市、县收到由省财政下拨的补偿资金全部用于本地区水环境治理、监控及水源地保护。

2.3.1.3　广东东江生态环境补偿

东江发源于江西省赣州市寻乌县的桠髻钵山,源区包括赣州市的寻乌、安远、定南三县,流经广东省的河源、惠州、东莞三市,汇入珠江。东江是深圳、广州,特别是香港特别行政区的重要水源。长期以来,东江上下游之间,特别是江西源区与广东境内沿线地区之间在东江源保护问题上存在着较大的利益冲突。

广东省保护东江的省内生态补偿从 20 世纪 90 年代起步,广东省通过加大对河源市财政转移支付力度进行补偿。1993 年开始,从新丰江、枫树坝两大水库所发电量按每千瓦时 5 厘钱提取资金,用于库区上游水土保持生态建设。

与省内补偿逐渐起步并规范相比,东江流域的跨省生态补偿机制呼吁多年,但始终尚未取得实质性进展。目前,在这方面仅有的探索是2005 年出台的《东江源生态环境补偿机制实施方案》,通过加大对东江中上游地区财政转移支付力度的生态补偿办法,该方案目前未成功实施。

2.3.1.4 福建省重点流域生态环境补偿

2005 年,福建省政府决定在闽江流域开始实施上下游生态环境补偿。确定 2005～2010 年,福州市政府每年新增 1 000 万元,三明、南平在原有闽江流域环境整治资金的基础上,再各增加 500 万元,每年合计新增 2 000 万元,由省财政设立专户管理,用于闽江三明段和南平段的环境治理。2015 年 1 月,福建省正式实施《福建省重点流域生态补偿办法》,适用于省内跨设区的市的闽江、九龙江、敖江流域生态补偿,涉及流域范围内的 43 个市(含市辖区,下同)、县及平潭综合实验区。

该办法将水质指标作为补偿资金分配的主要因素,同时考虑森林生态保护和用水总量控制因素,对水质状况较好、水环境和生态保护贡献大、节约用水多的市、县加大补偿,反之则少补偿或不予补偿。在资金分配因素指标及权重设置方面,水环境综合评分因素占 70% 的权重,森林生态因素占 20% 的权重,用水总量控制因素占 10% 的权重。

补偿资金筹措主要由流域范围内市、县政府及平潭综合实验区管委会集中和省级政府投入两部分组成,其中省级政府投入以重点流域水环境综合整治专项预算为主,同时整合省级预算内投资、水口库区可持续发展专项资金、大中型水库库区基金、省级新调整征收的水资源费新增部分等共同作为流域生态补偿金。

在资金使用方面,补偿金分配到各市、县,由各市、县政府统筹安排,各市、县政府要制订补偿金使用方案,将资金落实到具体项目,并在每年年底将补偿金使用情况报送省财政厅、发展和改革委员会,同时接受审计监督。

在职责分工方面,省发展和改革委员会做好指导和协调重点流域生态补偿工作。省财政厅负责生态补偿金的结算和转移支付下达工作,会同省发展和改革委员会核定分配各市、县生态补偿金。省环保厅负责核定各市、县上一年度水环境综合评分数据,省林业厅负责核定各市、县上一年度森林覆盖率、森林蓄积量等森林生态指标数据,省水利厅负责核定各市、县上一年度用水量、用水总量控制指标及按用水量筹集资金数据。各部门应当于每年第一季度将相关核定数据及依据报送省财政厅、发展和改革委员会复核。

2.3.1.5 北京市水环境区域补偿

2014 年 12 月 4 日,北京市人民政府办公厅印发了《北京市水环境区域补偿办法(试行)》(京政办发〔2014〕57 号),该办法自 2015 年 1月 1 日正式实施,适用于北京市行政区域内流域上下游区县政府间因污染物超过断面水质考核标准和未完成污水治理任务而进行的经济补偿活动。

该办法规定,考核指标包括跨界断面水质浓度指标和污水治理年度任务指标两项内容。跨界断面考核以断面年度水质目标为考核标准,污水治理年度任务考核以市政府确定的区县政府年度工作任务目标为考核标准。跨界断面考核以水质自动监测站数据月均值作为考核依据,污水治理年度任务考核以区县用水量、污水排放量、常住人口、污水处理设施运行监测以及建设任务完成情况作为考核依据。

关于跨界断面补偿金的计算:①当无入境水流,跨界断面出境污染物浓度超出该断面水质考核标准,或有入境水流,跨界断面出境污染物浓度比入境断面该种污染物浓度增加时,其浓度相对于该断面水质考核标准每变差 1 个功能类别,补偿金标准为 30 万元/月。当跨界断面污染物浓度劣于 V 类时,应追加补偿金。②当跨界断面出境污染物浓度小于或等于入境断面该种污染物浓度,但未达到该断面水质考核标准时,其浓度相对于该断面水质考核标准每变差 1 个功能类别,补偿金标准为 15 万元/月。当跨界断面污染物浓度劣于 V 类时,应追加补偿金。

实行跨区污水处理的区或区域应缴纳补偿金,其金额为:本区或区域污水排放量乘以市政府确定的中心城区污水处理率年度目标,减去本区或区域污水处理设施处理量后,再乘以单位污水处理成本。其他区县或区域如未按期完成年度污水治理项目建设和未达到污水处理率年度目标,应缴纳补偿金。

水环境补偿金由北京市水务局会同市环保局、市财政局组织各区县政府进行核算,按年度收缴。北京市环保局根据跨界断面水质监测数据和水质目标,逐月核算补偿金;北京市水务局根据各区县政府污水治理年度任务完成情况,按年度核算补偿金。市环保局、市水务局于每年年初将上一年度应缴纳的跨界断面补偿金额和污水治理年度任务补偿金额通报市财政局和各区县政府,由市财政局与各区县财政局结算。

2.3.1.6 河北省子牙河流域水环境污染补偿

子牙河是海河的重要支流,为海河水系西南支,由发源于太行山东坡的滏阳河和发源于五台山北坡的滹沱河汇成,两河于献县臧家桥汇合后,始名子牙河。河流流经山西、河北两省和天津市,全长 706 km,流域面积为 7.87 万 km²。子牙河经由西河闸至天津市静海县十一堡汇入南运河,与南运河汇流后称为海河。

2008 年 3 月,河北省政府办公厅正式下发了《关于在子牙河水系主要河流实行跨市断面水质目标责任考核并试行扣缴生态补偿金政策的通知》。同年 4 月起,河北省率先在子牙河水系实施跨界断面水质考核和财政部门国库结算扣缴为主要内容的生态补偿管理机制。2009 年,河北省被确定为全国省级全流域生态补偿试点省份。

河北省子牙河流域生态补偿是以水质考核为标准,实施上下游之间的区域奖惩的生态补偿机制。当河流入境水质达标或无入境水流时,超标 50% 以下,每次扣缴 10 万元;超标 50% 以上至 1 倍以下,每次扣缴 50 万元;超标 1 倍以上至 2 倍以下,每次扣缴 100 万元;超标 2 倍以上,每次扣缴 150 万元。当河流入境水质超标,而出境断面污染物浓度继续增加时,超标 50% 以下,每次扣缴 20 万元;超标 50% 以上至 1 倍以下,每次扣缴 100 万元;超标 1 倍以上至 2 倍以下,每次扣缴 200 万元;超标 2 倍以上,每次扣缴 300 万元。在同一个设区市的范围内,对所有超标断面累计扣缴。水质每月随机监测,超标一次罚一次,连续 4 个月超标将被"区域限批"。

河北省环保和财政部门通过联动的方式确保处罚和补偿到位。由省环保厅对子牙河流域的跨市断面进行水质考核,如果某个地级市的断面排放超标,那么财政厅将在对该地市的财政划拨中,扣缴其对下游地区的生态补偿金,并定期排名公布。

所筹措的资金专项用于子牙河水系深水井饮水安全项目、子牙河流域水污染治理项目等。经费逐级落实,河北省把子牙河的生态补偿金分解落实到乡镇一级。

截至 2011 年 11 月,河北省共扣缴生态补偿金 10 730 万元。这一机制对加强海河流域水资源保护、遏制生态恶化趋势、促进产业结构和布局调整发挥了重要作用。

2.3.1.7 河南省水环境生态补偿

河南省流域生态补偿的实施开始于 2008 年沙颍河流域试点。沙颍河是淮河最大的一条支流,流域面积 32 538 km^2,包括沙河、颍河、贾鲁河等 6 条支流,涉及郑州、开封、许昌、周口等 6 个城市。其中,沙河水质良好,颍河为中度污染,其他河流均为重污染。沙颍河流域生态补偿是河南省水资源生态补偿的初步探索,主要对责任主体、考核依据、补偿标准及资金等内容进行了规定。沙颍河流域生态补偿以责任目标为依据,制定了达标奖励与超标罚款相结合机制。以河流水质达标需要补充生态调水量所投入水资源费为依据,以污染轻扣缴额度小、污染重扣缴额度大为原则对不同水质确定不同生态补偿金标准。此探索没有考虑水量问题,相同浓度下的水量不同则总量也不同,而扣缴补偿金相同,存在一定不公平性。

在总结沙颍河流域生态补偿经验的基础上,2009 年 8 月河南省又以海河流域为试点实施海河流域生态补偿机制。生态补偿不仅增加饮用水水源地补偿,而且对资金分配和资金使用方向也给出了具体方案。生态补偿标准采用"水污染治理成本法",即按废水排放量占全流域排放量的比例缴纳费用。

河南省于 2010 年 1 月正式颁布了《河南省水环境生态补偿暂行办法》(豫政办〔2010〕9 号),全省 18 个市同时实行地表水水资源生态补偿机制。在识别各流域河流主体功能基础上,结合考核断面责任目标值,将水资源生态补偿划分成饮用水水源地生态补偿与跨界河流生态补偿。以主要污染物通量为缴纳依据的生态补偿金计算方法是该阶段又一创新,依据水污染治理成本确定 COD 2 500 元/t、氨氮 10 000 元/t,此外考虑水质差异确定跨界饮用水水源地生态补偿标准为 0.07 元/m^3。

河南省通过实施河流生态环境补偿工作,在河流水环境保护工作中取得了明显的成效:

(1)流域水资源质量明显改善。河南省内四大流域中,海河流域为劣 V 类水,长江流域不具有代表性,黄河和淮河流域水质类别较丰富,具有代表性。以黄河流域为例,自 2010 年河南省水资源生态补偿政策实行后,COD 和氨氮浓度与 2009 年相比普遍下降,水资源质量得到明显改善。

(2)河流生态环境补偿的开展从经济环境角度为流域水资源管理提供新思路,可以使投资者得到合理回报,激励人们提高环境资本附加值,有助于促进外部补偿转化成自我发展能力,改善流域水质,加快地区产业结构调整,转变增长方式,促进可持续发展。

(3)促进部门联动机制建立。为保证河流水环境补偿机制顺利实施,在河南省政府协调下建立了水利部门、环保部门和财政部门联动机制,由省水利厅负责环境补偿中的水量监测、省环保厅负责水质监测与补偿金计算、省财政厅会同环保厅每年对扣缴的补偿金提出使用意见,三部门互相交流与协作为环境补偿政策的落实提供有力保障。

(4)促进水污染防治工作开展。水环境补偿增强了河南各地改善水质量的动力,加快了地方政府水污染防治工作的进度。各地纷纷制定符合自己实际情况的生态补偿暂行办法、加快污水处理厂的建设、关停污染严重企业、加强环境执法和监管力度,流域综合管理取得显著效果。

2.3.1.8 陕西省渭河流域水环境补偿

渭河流域是西北地区重要的流域之一,渭河是黄河最大的支流,流域生态环境的质量直接关系着中东部地区的生态安全。渭河发源于甘肃,流域面积 13.43 万 km²,横跨陕甘宁三省,流经天水、宝鸡、杨凌、咸阳、西安、渭南六市区,是整个经济区发展的基础性水源。

2009 年 12 月,陕西省人民政府办公厅印发《陕西省渭河流域水污染补偿实施方案(试行)》(陕政办发〔2009〕159 号),该办法自 2010 年 1 月 1 日起施行,用于渭河干流流域内的西安市、宝鸡市、咸阳市、渭南市地表水生态环境污染补偿。

考核因子暂定为化学需氧量,并根据实际情况适时增加氨氮等因子。污染补偿工作由省环保厅牵头,会同省财政厅、省水利厅共同实施。其中,省环保厅负责组织各设区市考核断面的水质监测及核定,核算污染补偿资金,并商省财政厅提出污染补偿资金的使用方案;省财政厅负责污染补偿资金的管理;省水利厅负责提供考核断面的水量数据。

各设区市考核断面出境水体中的化学需氧量月平均浓度低于污染物浓度控制指标时,不缴纳污染补偿资金。当各设区的市考核断面出境水体中的化学需氧量月平均浓度高于污染物浓度控制指标时,由省财政厅向各设区市收取污染补偿资金。污染补偿资金的标准暂定为化学需氧量每超标 1 mg/L 缴纳 10 万元,不足 1 mg/L 的按照 1 mg/L 计算。

省财政厅设立专项用于污染补偿资金收缴管理的资金账户。超过污染物浓度控制指标值的设区市,要依据省环保厅核算的污染补偿资金数额,每季度向省财政厅缴纳。省财政厅在每年年底前进行资金结算时对未按时缴纳的予以扣缴。各设区市通过省财政转移支付方式获得污染补偿金具体数额。

2012 年,陕西、甘肃两省"六市一区"共同签署了《渭河流域环境保护城市联盟框架协议》,为进一步落实协议内容,针对甘肃省提供的水质状况,陕西省与天水市及定西市政府签订了生态补偿协议,陕西省向渭河上游甘肃省天水市、定西市提供 600 万元渭河上游水质保护生态补偿金,这标志着跨省流域生态补偿机制在陕西、甘肃两省得到实施。

2.3.1.9　山西省河流环境补偿

2011 年,山西省环保厅印发《关于完善地表水跨界断面水质考核生态补偿机制的通知》(晋环发〔2011〕109 号),对地表水跨界断面水质考核生态补偿机制进行了修订,新的考核机制从 2011 年 4 月 1 日起实行。

山西省各市行政区域内主要河流的相关市(省)、县(市、区)界水质考核断面,考核项目为 COD、氨氮两项,考核目标由省环保厅根据规划目标及功能区目标制定。

考核断面水质 COD、氨氮监测浓度均不超过考核标准时,不扣缴生态补偿金;当有监测指标超过考核标准时,按照水质差的一项指标扣缴,超过考核目标 50%(含)及以下,按照 50 万元标准扣缴生态补偿金;超过考核目标 50% ~ 100%(含)时,按照 100 万元标准扣缴生态补偿金;超过考核目标 100% 以上时,按照 150 万元标准扣缴生态补偿金。同一市范围内,所有考核断面生态补偿金按月累计扣缴。对水质改善明显的市进行奖励。

省环保厅负责核定各断面每月水质和扣缴补偿金数额或奖励资金数额,通报各市政府,同时抄送省财政厅。年终先由省环保厅督促有关市上缴生态补偿金。

2.3.2　国内水环境补偿案例分析

为深入研究我国跨界水环境补偿案例,为黄河流域水环境补偿提供借鉴,本书对前述 9 个国内水环境案例从补偿方式、补偿模式、补偿主客体、补偿因子确定、资金渠道、补偿标准等方面着手进行分析。

2.3.2.1　总体进展情况

从流域水环境补偿试点范围看,目前地方层面的实践主要集中在中小流域,尤其以省级行政辖区内的流域水环境补偿居多。对跨三省以上的江河流域,由于流域面积大、受益和保护地区界定困难,补偿问题非常复杂,尚未见国内开展相关实践。

从各地试点情况看,主要在省级政府主导下,对流经省内多个市、县的河流,在行政区域(一般为设区的市)交界处设定水质监测断面,根据市、县确定的断面水质控制目标,以考核断面处的出境水质是否达标为依据开展流域水环境补偿。依据水质达标与否,相应地有两种处理方式:第一,当出境断面水质超过控制目标,即未达标时,上游区域政府应向下游区域政府缴纳生态补偿金,补偿金专项用于流域水污染治理和生态修复,如逾期不缴纳,省财政厅可实施扣缴;第二,当出境断面水质达到控制目标,即达标时,可给予上游区域政府一定的奖励,资金一般由省财政支付。跨界流域生态补偿机制的建立,有利于分清上下游区域政府的水环境保护责任,并通过上下游区域之间的横向财政转移支付,促使地方政府积极改善辖区内的水质状况。

总体来看,自 2010 年以来,我国流域水生态、水环境补偿实践总体进展良好,相对于我国其他领域的生态补偿实践,在横向生态补偿的探索方面有所突破。虽然目前尚未形成长效机制,但在流域水质生态补偿方面积累了成功经验,流域生态补偿模式雏形初步形成,通过试点的推进,相关河流水环境质量有所提升。

2.3.2.2 补偿模式

按照实施主体和运作机制的差异,跨界水环境补偿模式主要分为政府补偿和市场补偿两大类型。本书分析的 9 个案例,均采取由上级政府组织实施的政府补偿模式,形成了国家、省、市、县多层次的流域生态补偿模式,其中新安江流域由国家相关部委组织实施,其他案例均由省级政府组织实施。

目前,我国的河流水环境补偿以政府主导为主。无论是河流水生态保护补偿,还是跨界断面水环境污染赔偿都是以财政资金为主,财政转移支付在河流生态环境补偿中起着重要作用。已经实施的生态环境补偿主要采用上级政府或同级政府对被补偿地方政府的财政转移支付,或整合有关环境保护和生态建设资金集中用于被补偿地区,仅在局部地区探索了基于市场机制的水资源使用权交易模式。从实践经验来看,在现有制度框架下要更多地依靠政府力量和财政资金投入,推动河流流域层面的生态环境补偿机制的建立。

总体来看,我国当前开展的跨界水环境补偿实践主要由环境保护部门主导实施,详见表2-2。在本次分析的9个跨界水环境补偿案例中,新安江流域、江苏、河南、陕西、山西等跨界水环境补偿案例均由环境保护主管部门主导牵头实施;北京市水环境区域补偿由市水利局会同环保局、财政局实施;福建省重点流域生态环境补偿由于考虑水环境、森林覆盖、用水总量等多个因素,因此涉及部门较多,补偿工作由省发展和改革委员会总体指导和协调,财政厅、环保厅、林业厅、水利厅各负其责。

表 2-2　跨界水环境补偿案例组织实施形式

补偿案例	组织实施单位		参与实施单位	
	中央政府	省级政府	省级政府	市、县政府
新安江跨省流域水环境补偿	财政部、环保部		√	
广东东江生态环境补偿		省政府		√
江苏省水环境区域补偿		财政厅、环保厅		√
福建省重点流域生态环境补偿		发展和改革委员会、财政厅、环保厅、林业厅、水利厅		√
北京市水环境区域补偿		水利局、环保局、财政局		√
河北省子牙河流域水环境污染补偿		环保厅、财政厅		√
河南省水环境补偿		环保厅、财政厅、水利厅		√
陕西省渭河流域水环境补偿		环保厅、财政厅、水利厅		√
山西省河流环境补偿		环保厅、财政厅		√

2.3.2.3　补偿方式

我国实施的跨界水环境补偿实践中,主要包括保护补偿和污染赔偿两种类型。在水质相对较好的流域或区域,以及涉及下游城市饮用水水源地保护的,多倾向保护补偿,如新安江跨省流域水环境补偿、福建省重点流域生态环境补偿、广东东江生态环境补偿等。水污染形势较为严峻、上游出境水质超标对下游用水造成影响的区域,多采取污染赔偿性质的补偿方式,如北京市水环境区域补偿。而对我国人口集中的大部分流域和区域而言,上游水环境保护与下游水污染防治的任务并存,因此在大多数补偿实践中,在上下游水环境责任的界定中,同时落实了保护补偿和污染赔偿两种方式,如新安江流域、河南、陕西、山西等。

2.3.2.4　补偿主体与客体

补偿主体与客体的确定就是解决"谁补偿谁"的问题。补偿主客体的确定与补偿责任的界定和补偿方式的选择直接相关。一般来说,水环境补偿的主体应该是水资源、水环境服务的受益者或损害者,客体或对象就是该服务的提供者或受害者。由于我国的资源环境产权制度在国家与地方所有权方面仍存在不明确性,因此在国内水环境补偿现行实践中,主要由各级政府作为一定区域公众利益的代表。流域水资源、水环境的受益区域或破坏区域的地方政府就是水环境补偿的主体,对流域水资源、水环境进行保护的、做出贡献的区域或受害区域的地方政府就是水环境补偿的客体。现行补偿的主客体主要包括国家、省级、地市等层级,在不同补偿关系中同级政府可能同时扮演补偿主体和客体的角色以及在一定条件下主体、客体角色可能转换。水环境补偿案例的主客体情况见表2-3。

现行跨界水环境补偿实践多为省级政府部门组织开展的补偿工作,因此补偿主客体层级主要为省级以下的市级地方政府。关于补偿主客体关系,新安江流域、江苏省、河北省、河南省、陕西省等流域(区域)的补偿实践中,均以相邻行政区的出境断面水质是否超标来界定流域上下游行政区的补偿关系,因此相关行政区在补偿中的角色是由其水资源、水环境保护的责任完成情况来决定的,责任未完成就是补偿

表2-3 跨界水环境补偿案例主客体

流域（区域）	涉及地区	文件名称	实施时间	补偿主体			补偿客体	
				中央政府	省级政府	市、县政府	保护者	受害者
新安江流域	安徽省、浙江省	《新安江流域水环境补偿试点实施方案》	2011年	√			√	√
江苏省	全省	《江苏省水环境区域补偿实施办法（试行）》	2014年			√	√	√
东江流域	江西省、广东省	《东江源生态环境补偿机制实施方案》	2005年		√		√	
闽江、九龙江、敖江流域	福建省	《福建省重点流域生态补偿办法》	2015年		√	√	√	
北京市	全市	《北京市水环境区域补偿办法（试行）》	2015年			√		√
子牙河流域	河北省	《关于在子牙河水系主要河流实行跨市断面水质目标责任考核并试行缴生态补偿金政策的通知》	2008年			√	√	√
河南省	全省	《河南省水环境生态补偿暂行办法》	2010年			√	√	√
渭河流域	陕西省、甘肃省	《陕西省渭河流域水污染补偿方案（试行）》《渭河流域环境保护城市联盟框架协议》	2009年、2012年		√	√	√	√
山西省	全省	《关于完善地表水跨界断面水质考核生态补偿机制的通知》	2011年			√	√	
总计（个）	9			1	3	7	8	6

主体,就水体水质损害对相邻下游行政区进行补偿;责任完成了就是补偿客体,由相邻下游行政区对其水质保护进行补偿。主客体补偿关系属于逐级补偿,补偿主客体之间责任关系紧密。

福建省的流域生态补偿金筹措主要由流域范围内市、县政府和省级政府投入两部分组成,从资金筹措方面来看,即省级政府及流域范围内市、县政府都属于补偿主体;从补偿金分配情况来看,流域范围内市、县政府均为补偿客体,补偿金的额度是由市、县行政区的责任完成情况及补偿系数来综合确定的。总体来看,福建省实施的流域生态补偿的补偿主体与客体之间责任关系不是一一对应的,整个补偿活动是在省政府统筹的统一平台下完成的,流域的补偿关系和补偿原则具体是通过各市、县的补偿系数来体现的。该补偿方式属于保护补偿型,对于水环境总体较好的流域或区域是合适的,若水环境状况较差,则该方式对水环境破坏方约束力不强。

2.3.2.5 补偿因子

水量、水质是组成水环境的两大因素,但我国当前开展的跨界水环境补偿实践中,补偿因子选取的主要是水质因子,除福建省重点流域生态环境补偿中考虑了用水总量控制因素、森林生态因素,北京市水环境区域补偿将废污水处理率纳入补偿因子外,其他流域(区域)的水环境补偿均仅以跨界断面的水质达标情况作为补偿因子和补偿依据,补偿因子较为单一。各跨界水环境补偿案例补偿因子选择详见表2-4。

表2-4 各跨界水环境补偿案例补偿因子选择

补偿案例	补偿因子		
	水质相关	水量相关	其他
新安江跨省流域水环境补偿	利用省界断面高锰酸盐指数、氨氮、总氮、总磷测算补偿指数	无	无

补偿案例	补偿因子		
	水质相关	水量相关	其他
江苏省水环境区域补偿	出境断面水质	无	无
福建省重点流域生态环境补偿	交界断面、流域干支流和饮用水水源水质、水污染物减排	用水总量	森林覆盖率、森林蓄积量
北京市水环境区域补偿	出境断面化学需氧量、氨氮、总磷浓度	污水排放量、处理量、处理率	无
河北省子牙河流域水环境污染补偿	出境断面化学需氧量浓度	无	无
河南省水环境生态补偿	考核监测断面化学需氧量、氨氮浓度	无	无
陕西省渭河流域水环境补偿	考核断面出境水体中的化学需氧量浓度	无	无
山西省河流环境补偿	考核断面化学需氧量、氨氮核算浓度	无	无

2.3.2.6 补偿标准

在建立流域生态补偿机制的过程中,补偿标准是推动流域生态补偿政策可操作性的必备条件和补偿的基本依据。科学计算和确定区域间的生态补偿标准,是流域生态补偿的重点和难点,目前尚缺乏具有公认度和可操作性的测算方法,且科学基础尚不扎实。

我国目前实践的水生态补偿标准可归结为三种典型模式:一是基于流域跨界监测断面水质目标考核的生态补偿标准模式(P_1);二是基于流域跨界监测断面超标污染物通量计算的生态补偿标准模式(P_2);三是基于提供生态环境服务效益的投入成本测算的生态补偿标准模式(P_3)。本书分析的跨界水环境补偿案例只涉及前两种模式。跨界水环境补尝案例标准核算模式见表2-5。

表2-5 跨界水环境补偿案例补偿标准核算模式

补偿案例	补偿标准核算模式		
	P_1	P_2	P_3
新安江跨省流域水环境补偿	●		
江苏省水环境区域补偿		●	
福建省重点流域生态环境补偿	●		
北京市水环境区域补偿	●		
河北省子牙河流域水环境污染补偿	●		
河南省水环境生态补偿		●	
陕西省渭河流域水环境补偿	●		
山西省河流环境补偿	●		

1. P_1 模式

采用 P_1 模式的各案例设计的具体补偿标准也有较大不同,详见表2-6。

表 2-6　实践 P_1 模式的案例及具体做法

补偿案例	补偿标准设计情景	补偿标准设计
河北省子牙河流域水环境污染补偿	河流入境水质达标(或无入境水流)	超标 50% 及以下,每次扣缴 10 万元;超标 50% 以上至 1 倍以下,每次扣缴 50 万元;超标 1 倍以上至 2 倍以下,每次扣缴 100 万元;超标 2 倍以上,每次扣缴 150 万元
	河流入境水质超标,而所考核市跨界断面污染物浓度继续增加	超标 50% 以下,每次扣缴 20 万元;超标 50% 以上至 1 倍以下,每次扣缴 100 万元;超标 1 倍以上至 2 倍以下,每次扣缴 200 万元;超标 2 倍以上,每次扣缴 300 万元
陕西省渭河流域水环境补偿	监测断面达标	不缴纳污染补偿资金
	监测断面超标	COD 每超标 1 mg/L 缴纳 10 万元
山西省河流环境补偿	考核断面达标	不扣缴生态补偿金
	考核断面超标(计算考核断面浓度时扣除上游入境水质影响)	超过考核目标 50%(含)及以下,按照 50 万元标准扣缴生态补偿金;超过考核目标 50% ~ 100%(含)时,按照 100 万元标准扣缴生态补偿金;超过考核目标 100% 以上时,按照 150 万元标准扣缴生态补偿金

补偿案例	补偿标准设计情景	补偿标准设计
北京市水环境区域补偿	无人境水流,跨界断面出境污染物浓度超出该断面水质考核标准,或有入境水流,跨界断面出境污染物浓度比入境断面该种污染物浓度增加	其浓度相对于该断面水质考核标准每变差 1 个功能类别,补偿金标准为 30 万元/月;当跨界断面污染物浓度劣于Ⅴ类时,应追加补偿金,具体标准为:当化学需氧量浓度大于 40 mg/L 时,每增加 10 mg/L 以内(含 10 mg/L)追加补偿金 30 万元/月
	跨界断面出境污染物浓度小于或等于入境断面该种污染物浓度,但未达到该断面水质考核标准	其浓度相对于该断面水质考核标准每变差 1 个功能类别,补偿金标准为 15 万元/月;当跨界断面污染物浓度劣于Ⅴ类时,应追加补偿金,具体标准为:当化学需氧量浓度大于 40 mg/L 时,每增加 10 mg/L 以内(含 10 mg/L)追加补偿金 15 万元/月
新安江跨省流域水环境补偿		补偿金拨付以环保部公布的省界断面 4 项主要指标计算得出的补偿指数 P 作为依据。若 $P > 1$,则安徽省补偿 1 亿元给浙江省;若 $P \leqslant 1$,则浙江省补偿 1 亿元给安徽省。不论 P 值如何,中央财政资金均每年拨付 3 亿元给安徽省
福建省重点流域生态环境补偿		从市、县政府和省政府两级财政中筹集资金,按照水环境综合评分(占 70%的权重)、森林生态(占 20%的权重)和用水总量控制(占 10%的权重)三类因素统筹分配至流域范围内的市、县。为鼓励上游地区更好地保护生态和治理环境,为下游地区提供优质的水资源,因素分配时设置的地区补偿系数上游高于下游

2. P_2 模式

采用 P_2 模式的各案例设计的具体补偿标准和计算方法详见表 2-7。

表 2-7　实践 P_2 模式的案例及具体做法

补偿案例	补偿标准设计情景	补偿标准设计	生态补偿金计算方法
江苏省水环境区域补偿	—	COD：1.5 万元/t 氨氮：10 万元/t 总磷：10 万元/t	单因子生态补偿金 = Σ（断面水质指标值 − 断面水质目标值）× 月断面水量 × 补偿标准
河南省水环境生态补偿	COD、氨氮浓度小于或等于 V 类水质	COD：2 500 元/t 氨氮：1 万元/t	单因子生态补偿金 = Σ（断面水质指标值 − 断面水质目标值）× 周断面水量 × 补偿标准
	COD、氨氮浓度大于 V 类水质	生态补偿标准加倍	单因子生态补偿金 = Σ（断面水质指标值 − 断面水质目标值）× 周断面水量 × 补偿标准 × 2

2.3.2.7　资金筹措渠道及支付方式

目前,我国实施的跨界水环境补偿的体现形式大多为资金补偿。从水环境补偿资金筹措方式看,主要有建立水环境补偿基金和上级政府对下级政府扣缴补偿金两种形式。此次分析的案例中,新安江跨省流域水环境补偿、福建省重点流域生态环境补偿采取了上级政府和下级政府共同出资建立水环境补偿基金的方式筹措补偿资金,而其他案例则采取上级政府根据所辖下级行政区河流出境断面水质考核结果,定期对下级政府扣缴资金的方式筹措补偿资金。

从水环境补偿资金的支付方式看,主要有上级对下级的纵向财政转移支付和同级政府间横向财政转移支付两种形式。目前纵向财政转移支付占主导地位,除新安江跨省流域水环境补偿资金存在安徽、浙江两省间的横向转移支付外,其他案例均采取纵向转移支付方式,但此种纵向转移支付的实质是由上级政府协调同级政府间的横向转移支付,即横向财政转移支付方式的纵向化表现。

我国跨界水环境补偿案例补偿金的来源及资金支付方式详见表2-8。

表2-8 我国跨界水环境补偿案例补偿金的来源及资金支付方式

补偿案例	资金来源			资金支付方式	
	国家	省级	市、县	纵向财政转移	横向财政转移
新安江跨省流域水环境补偿	√	√		√	√
广东东江生态环境补偿				√	
江苏省水环境区域补偿			√	√	
福建省重点流域生态环境补偿	√	√		√	
北京市水环境区域补偿			√	√	
河北省子牙河流域水环境污染补偿			√	√	
河南省水环境生态补偿			√	√	
陕西省渭河流域水环境补偿			√	√	
山西省河流环境补偿			√	√	

2.3.3 国外河流生态环境补偿实践经验借鉴

国外在河流生态环境补偿实践中,通过政府的推动,鼓励公众的广泛参与,并以市场机制为手段实施生态环境补偿,成功地提高了流域管理效率。

2.3.3.1 完善河流生态环境补偿的法律法规体系

国外典型河流生态补偿案例取得成功的主要保障是完善的流域管理法律体系。各国都把流域的法制建设作为河流生态补偿的基础和前提。流域管理的法律体系包括流域管理的专门法规和在各种水法规中有关流域管理的条款。流域管理的专门法规,如美国的《田纳西河流域管理法》、日本的《河川法》和英国的《流域管理条例》等。其他大量的流域管理的规定分散在各种相关的水法规中,如英国和法国的《水法》,均明确规定水资源管理应以自然流域为基础,按流域建立适当的水资源管理体制,赋予流域机构广泛的权力,对整个流域事务进行全面规划管理,并明确流域机构的地位、职责,与地方的关系,组织机构和财务管理,使得流域管理的各个方面都有法可依;《欧盟水框架指令》的主要目标是在 2015 年以前实现欧洲的"良好水状态",整个欧洲将采用统一的水质标准,地下水超采现象将得到遏制。

这些做法均为我国河流流域生态环境补偿法律体系的完善提供了良好的借鉴,我国应该根据国内河流生态补偿情况,完善包括《生态补偿条例》或《流域法》在内的流域法律体系。

2.3.3.2 完善的流域管理体制机制

流域管理体制机制直接决定了河流流域生态环境补偿工作开展的可行性和效率。目前,国外的流域管理体制主要有三种形式:第一种是负责流域水资源统一开发、管理及多种经营的流域管理局,如美国的田纳西流域管理局,属于一级政府部门,对中央政府负责,有专门的经费,立法赋予其高度的自治权,在经济社会发展领域具有广泛的权力;第二种是综合流域机构,即按照自然水系设置流域管理机构,实行以自然流域管理为基础的管理体制,主要职责是调配水资源和控制水污染,如法国的流域管理机构;第三种是按照水的不同功能对水资源进行分部门管理,以此为基础设立流域管理机构,以日本为代表。

我国目前还没有有效的跨行政区河流流域环境协调系统,各流域管理机构更多的是水利部下属的治水以及主管水资源分配的机构,没有全面的环境协调、监督、执法等相关的权力;而且在相当长时期内实行分散管理,涉及农业部门、市政部门、矿产部门、卫生以及环境主管部门等。这种河流流域管理体制人为地将水生态系统条块分割,增加了水污染治理的难度,也一定程度限制了河流生态环境补偿机制的实施。

2.3.3.3 引导建立市场为基础的河流生态环境补偿模式

国外在河流生态环境补偿的实践中充分发挥了市场机制的调控作用,辅以政府的管理和引导,成功地提高了流域管理效率。例如,美国纽约市通过成本分担、补助计划、购买并分配土地所有权、税收优惠、保护地役权、改进森林管理的采伐许可、积极为森林产品寻求市场机会等方式,实施流域管理计划;田纳西河流域则通过建立政企合一的流域管理局,通过启动政府资金,运用市场机制,采用了政府和市场有机结合的流域开发管理模式,成功培养出自我发展的能力;美国部分地区的营养元素交易则运用了信用交易手段。另外,用基金会的组织方式对流域进行管理,比如,美国在科罗拉多河流域的管理机制中引进了信托基金方式,基金的董事会包括用水各方的代表,基金成立的指导思想主要基于公益性用途,不完全依靠联邦政府和私有企业的投入,还依靠社会的支持以保护流域内的生态环境。再如,法国的流域水务局除负责流域水规划的审批和上报外,同时作为一个金融机构,代表国家接收地方省、区上缴的部分税款,然后根据需要,把这些资金投入到新建水工程中去,通过更好地开发利用流域水资源为社会提供服务。同时,流域内的水利基础设施可向政府或者社会筹资,靠水费或电费来支付利息和偿还政府贷款。这些方式都可以在我国的河流生态环境补偿的实践中加以尝试。

从美国的营养元素交易案例中可以得到以下经验:首先,美国具有较为完善的法律体系,具有严格的环境标准和良好的信用基础,而且点源污染者和非点源污染者具有明确的污染物排放执行标准,这一点在我国尚未全面实现;其次,点源污染与非点源污染之间的信用交易值得借鉴,通过点源污染企业资助农业保护项目来进行流域生态补偿,从而增加企业本身污染物排放的信用,这样既改善了生态环境,也为企业增加了收益;再次,美国企业之间具有点源污染者协会等商业类型的组织进行污染物排放专门交易,之所以成立这种组织,建立收取超量污染费的相关政府基金,是因为它可以极大地促进点源污染企业进行污染物排放,并有效资助流域生态补偿项目。

2.3.3.4 协会组织和公众广泛参与是河流生态环境补偿的重要基础

河流生态环境补偿是一项综合而复杂的系统工程,涉及众多利益主体。为了提高河流综合治理决策的科学性和民主性,统筹兼顾各方利益,各国在流域管理机构的设置以及治理工作机制等方面都十分注重发挥利益相关方的作用,以减少由于流域管理机构集权管理导致的地方和公众参与积极性下降,难以有效地响应利益相关方的需求。我国河流生态环境补偿管理与实践应该借鉴这些经验,为了使利益相关方真正"有话可讲、有话能讲、有人代讲",在土地公有制背景下,必须创立代表各利益相关方的协会组织,培养河流生态环境补偿中进行多方谈判的代理人,同时在流域管理机构中充分吸纳相关专业的专家,以及流域居民、用水者、社会组织代表,在做出重大决策时,建立科学论证制度和听证制度,广泛听取各方的意见,实现信息互通、规划和决策过程透明,提高决策的科学性和民主性,以及全流域生态环境补偿的公平性。

2.3.4 我国流域水环境补偿存在的问题

我国在省内跨界流域水环境补偿方面积累了一定的实践经验,形成省、市、县多层次的流域生态补偿模式,为跨界流域水环境补偿机制的建立做出了积极探索,促进地方政府改善辖区内水质状况,但在水环境补偿的法律依据、责任界定、考虑因素等方面仍存在一定的问题。

2.3.4.1　流域水环境补偿法律依据不充分

从水资源管理方面来看,《中华人民共和国水法》规定,"水资源属于国家所有。水资源的所有权由国务院代表国家行使"。"国务院有关部门按照职责分工,负责水资源开发、利用、节约和保护的有关工作。县级以上地方人民政府有关部门按照职责分工,负责本行政区域内水资源开发、利用、节约和保护的有关工作"。上述法律规定虽然提出了水资源的所有权以及国家和地方人民政府应承担的责任,但中央政府与地方政府的水资源所有权及管理事权仍不明晰,对国家、地方人民政府应该承担多少责任没有明确规定。补偿是产权主体之间协调经济利益关系的一种手段,水资源产权、管理责任界定不明确,以及使用权的内涵没有清晰地界定,造成流域水环境补偿的主客体难以界定。

从水质保护方面来看,《中华人民共和国环境保护法》和《中华人民共和国水污染防治法》规定,流域上游政府对辖区内水环境质量负责,确保境内水质达到国家规定的水环境质量标准。因此,尽管上游政府为保护水资源、水环境投入了大量资金,但从法律上讲,这是上游政府应履行的法定职责,不能要求下游政府予以补偿。同时,下游政府也认为自己已向国家缴纳足够的税额,上游的损失应由国家财政转移支付,自己无须再对上游进行补偿。江西、广东两省关于东江流域水环境补偿未达成统一意见,即是该问题的体现。

总体来看,国家层面生态补偿立法缺失,地方流域生态补偿部门行政色彩浓厚,缺少实施办法、技术指南等政策文件。

2.3.4.2　现行补偿实践对水量因素考虑不足

我国现行流域水环境补偿工作主要是由国务院环境保护行政主管部门主导推进的试点实践,从各试点情况看,主要是在省级政府主导下,对流经省内多个市、县的河流,根据跨界断面水质达标情况确定上下游行政区的补偿关系和补偿量,基本上未考虑水量因素,因此在水环境补偿中也未体现各行政区对维持河流水量方面应当承担的保护职责和超标引水对下游行政区的赔偿责任。

水质和水量是组成水环境不可分割的两个要素,而且在水资源的开发利用过程中,不仅水质的优劣对用水户有影响,水量的多少则更直接地影响水环境提供的服务价值,在水资源短缺型流域,各省区对水量的重视程度超过对水质的要求。根据我国现行的最严格水资源管理制度,国务院对各省级行政区均明确提出用水总量控制红线,并将目标完成情况作为对各省、自治区、直辖市人民政府主要负责人和领导班子综合考核评价的重要依据。因此,研究认为流域水环境补偿不仅要考虑水质,而且应充分考虑水量,使水量因素的服务价值、利益相关方责任通过流域水环境补偿得到合理体现。

2.3.4.3 缺乏流域生态共建共享平台

流域相邻上下游区域关系密切,各种责任比较明确,为了简化跨界流域水环境补偿,目前的跨界流域水环境补偿实践大多优先选取流域相邻上下游区域间的跨界水环境补偿作为突破点,以此类推,从流域的上游到下游逐级进行补偿。

逐级补偿模式虽然可以简化操作、降低谈判成本,但基于河流的自然属性,从河流水资源的开发利用及水环境的保护角度看,上下游是紧密承接的关系,整个流域范围是一个自上而下难以分割的整体,因此流域水环境补偿应将整个流域范围作为一个整体,即共享区进行共同建设。逐级补偿模式未能充分体现流域的整体性,存在一定的弊端:首先,流域末端与上游距离遥远、关系松懈,上游省区在水量方面提供的服务价值贡献难以得到下游各省区充分认可,容易造成补偿主体缺位,不利于补偿的开展;其次,以相邻的下游区域代表其他的下游区域接受上游区域的补偿,模糊了上游区域对水环境破坏产生的负外部性对下游区域影响的程度和范围,不利于补偿责任的界定;再次,对于没有明确边界的河流左右岸行政区的补偿关系,逐级补偿模式对其难以体现和界定。

2.4 黄河流域水环境补偿关键问题识别

我国河流生态环境补偿存在的上述问题在黄河流域也普遍存在,

同时黄河流域还存在水资源短缺、水环境状况复杂等特性,在流域水环境补偿方面急需首先解决以下问题。

2.4.1 建立统一的流域水环境补偿机制

流域水环境补偿能否顺利实施,最重要问题是能否建立起一个切实有效调整利益相关方关系的体制机制,是否能够形成上下游区域联动、共同保护的格局。黄河流经 9 省区,各省区水环境关系复杂,不仅存在相邻上下游省区间的水环境损益关系,而且存在上游省区对下游多个省区、同一河段左右岸多省区对下游省区水环境传递影响的情况;不仅存在上游省区对下游水污染的贡献,也存在上游省区提供优质、足量水资源的情况。因此,开展流域水环境补偿,必须首先依据水资源管理权限,考虑水环境补偿的类型、对象及方式,建立流域水环境补偿机制,在流域平台上开展跨界水环境补偿工作。

2.4.2 科学界定省区间水污染损益责任关系

跨界水污染责任划分是流域水环境补偿工作的基础和核心,开展黄河流域水环境补偿工作,必须首先从黄河水环境系统演变规律出发,确立黄河水污染损害评价技术方法,定量评价黄河干流各省区对跨界水污染的影响程度和范围,明确利益相关方及相关各要素对水污染的贡献程度,才能解决划分跨界水污染责任、界定水污染损失、确定补偿机制等问题。

2.4.3 将水量的贡献和责任纳入流域水环境补偿的重要指标

黄河流域各省区经济社会发展对黄河水资源高度依赖,现行的黄河水资源管理制度对流域各省区的取水量均做出明确要求。超标取耗水不仅违反黄河水资源管理制度,而且会对下游省区水环境造成一定影响。因此,在流域水环境补偿工作中,应将各省区取耗水情况纳入跨省区水环境补偿的考虑因素,并量化其对水环境的影响贡献程度。

第3章 黄河流域概况

3.1 自然概况

3.1.1 地理位置

黄河是我国第二大河,位于东经 95°53′~119°05′、北纬 32°10′~41°50′,流域西起巴颜喀拉山,东临渤海,北界阴山,南至秦岭,中有六盘、吕梁等群山,分布有世界最大的黄土高原。黄河发源于青藏高原巴颜喀拉山北麓的约古宗列盆地,自西向东流经青海、四川、甘肃、宁夏、内蒙古、陕西、山西、河南、山东 9 省区,在山东省垦利县注入渤海,干流河道全长 5 464 km,流域面积为 79.5 万 km²。

3.1.2 地形地貌

黄河流域地势西高东低,高差悬殊,形成自西向东、由高到低三级阶梯。第一级阶梯是流域西部的青藏高原,位于著名的世界屋脊,海拔为 3 000~5 000 m,青海高原南沿的巴颜喀拉山绵延起伏,是黄河与长江的分水岭。祁连山脉横亘高原北缘,构成青海高原与内蒙古高原的分界。第二级阶梯大致以太行山为东界,主体由中部地区的黄土高原构成,海拔为 1 000~2 000 m。本区白于山以北属内蒙古高原的一部分,包括黄河河套平原和鄂尔多斯高原;白于山以南为黄土高原、秦岭山地及太行山地。横亘于黄土高原南部的秦岭山脉是我国亚热带与暖温带南北分界线的地理标志。第三级阶梯自太行山以东至滨海,由黄河下游冲积平原和鲁中丘陵组成,一般海拔为 200~500 m,少数山地在 1 000 m 以上。区内地面坡度平缓,海拔多在 100 m 以下的黄河下游冲积平原是华北平原的重要组成部分。

3.1.3 气候及降雨特征

黄河流域属大陆性气候,年温差较大,流域内多年平均气温由南向北、由东向西递减。流域内气候大致可分为干旱、半干旱和半湿润气候,西部干旱,东部湿润。流域内平均气温上游为 1 ~ 8 ℃,中游为 8 ~ 14 ℃,下游为 12 ~ 14 ℃。下游无霜期为 200 d,中游为 150 d,上游循化以上为 50 ~ 100 d。

流域大部分地区年降水量为 200 ~ 650 mm,多年平均降水量为 466 mm,中上游南部和下游地区多于 650 mm。尤其受地形影响较大的南界秦岭山脉北坡,其降水量一般可达 700 ~ 1 000 mm,而深居内陆的西北宁夏、内蒙古部分地区,其降水量却不足 150 mm。降水量分布不均,其中 6 ~ 9 月降水量占全年降水量的 70% 左右;流域降水量的年际变化大,年降水量的最大值与最小值之比为 1.7 ~ 7.5。

3.1.4 河流水系

3.1.4.1 黄河干流

黄河干流河道,按流域自然地理特点划分为上、中、下游三个河段。河源至内蒙古的河口镇为上游,流域面积 42.8 万 km²,占全流域面积的 53.8%,河道长 3 471.6 km,落差 3 496 m。区间峡谷多,水量大,水力资源丰富,已建和在建的水利水电工程较多。河口镇至河南省的桃花峪为中游,流域面积 34.4 万 km²,占全流域面积的 43.3%,河道长 1 206.4 km,落差 890 m,平均比降为 0.74,是黄河洪水、泥沙的主要来源区。桃花峪至入海口为下游,流域面积 2.3 万 km²,约占全流域面积的 2.9%,河道长 785.6 km,落差 93.6 m,水流平缓,平均比降为 0.12,泥沙淤积严重,河道摆动频繁,堤内滩面一般高出堤外地面 3 ~ 5 m,部分河段达 10 m 以上,成为举世闻名的"地上悬河",由于黄河两岸大堤约束,两岸废污水难以进入黄河。

3.1.4.2 主要支流

黄河流域支流众多,其中集水面积大于 1 000 km^2 的一级支流76条,面积大于 1 万 km^2 或入黄泥沙大于 1 亿 t 的一级支流有 11 条。

其中,渭河、汾河、湟水、伊洛河、沁河等支流是黄河的重要来水区,由于湟水、汾河、渭河、洛河、沁河、大汶河流域人口相对较集中,沿岸工农业发展迅速,经济地位重要,水污染严重,对黄河干流水质影响较大。黄河流域重要支流特征值详见表3-1。

表 3-1   黄河流域重要支流特征值

河流名称	集水面积（km^2）	起点	终点	干流长度（km）	多年平均径流量（亿 m^3）	
					把口站	径流量
渭河	134 766	甘肃省渭源县鸟鼠山	陕西潼关县港口村	818.0	华县 + 湫头	89.89
汾河	39 471	山西省宁武县东寨镇	山西河津县黄河乡柏底村	693.8	河津	18.47
湟水	32 863	青海海晏县洪呼日尼哈	甘肃永靖县上车村	373.9	民和 + 享堂	49.48
伊洛河	18 881	陕西蓝田县	河南巩义市巴家门	446.9	黑石关	28.32
沁河	13 532	山西省平遥县黑城村	河南武陟县南贾汇村	485.1	武陟	13.00
大汶河	9 098	山东省沂源县	山东省陈山口	239	戴村坝	18.20

注: 多年平均径流量为 1956～2000 年系列均值。

3.1.5   土地及矿产资源

3.1.5.1   土地资源

黄河流域总土地面积11.9亿亩(1 亩 = 1/15 hm^2,下同),占全国国土面积的8.3%,其中大部分为山区和丘陵,分别占流域面积的40%和35%,平原区仅占17%。由于地貌、气候和土壤的差异,土地利用情况差别很大。流域内共有耕地 2.44 亿亩,农村人均耕地3.5亩,约为全国人均耕地的1.4倍,主要农业基地集中在平原及河谷盆地,上游的宁蒙河套平原、中游的汾渭盆地和下游平原的引黄灌区。流域内大部分地区光热资源充足,农业生产发展潜力较大。

3.1.5.2 矿产资源

黄河流域矿产资源丰富,在全国已探明的45种主要矿产中,黄河流域有37种。具有全国性优势的有稀土、石膏、玻璃用石英岩、铌、煤、铝土矿、钼、耐火黏土等8种;具有地区性优势的有石油、天然气和芒硝3种。黄河流域中游地区的煤炭资源、中下游地区的石油和天然气资源都十分丰富,被誉为我国的"能源流域",为流域的社会经济发展提供了很好的条件。

3.2 经济概况

黄河流域涉及青海、四川、甘肃、宁夏、内蒙古、陕西、山西、河南和山东9省区的66个地(市、州、盟),340个县(市、旗)。目前流域总人口1.1亿人,占全国总人口的8.6%,流域人口分布不均,70%左右的人口集中在龙门以下河段。流域城镇化率为40%,目前超过100万人口的有兰州、包头、西安、太原、洛阳等5个特大城市以及西宁、银川、呼和浩特等大城市,这些城市均是各省区的经济、文化和交通中心。

流域大部地处我国中西部地区,经济社会发展相对滞后,目前流域国内生产总值1.7万亿元,仅占全国的8%,第一、二、三产业比例为6.1:47.4:46.5。

其中,流域及相关地区是我国农业经济开发的重点地区,目前流域总耕地面积2.44亿亩,耕垦率20.4%,总播种面积2.68亿亩,粮食总产量3 958万 t,人均粮食产量350 kg,为全国平均值的93%。黄河流域主要农业基地多集中在灌溉条件好的平原及河谷盆地,宁蒙河套平原、汾渭盆地、黄淮海平原等是我国主要的农业生产基地,青藏高原和内蒙古高原是我国主要的畜牧业基地。

依托丰富的煤炭、电力、石油和天然气等能源资源及有色金属矿产资源,黄河流域已初步形成了工业门类比较齐全的格局,其中电力、煤炭、造纸、化工、石油、钢铁、机械制造、纺织、皮革、电子等工业占较大比例,形成了以包头、太原等城市为中心的全国著名的钢铁生产基地和豫西、晋南等铝生产基地,以山西、内蒙古、宁夏、陕西、河南等省区为主的煤炭重化工生产基地,建成了我国著名的中原油田、胜利油田以及长庆和延长油气田,西安、太原、兰州、洛阳等城市机械制造、冶金工业等也有很大发展。近年来,随着国家对煤炭、石油、天然气等能源需求的增加,黄河上中游地区的甘肃陇东、宁夏宁东、内蒙古西部、陕西陕北、山西离柳及晋南等能源基地建设速度加快,带动了区域经济的快速发展,与此同时,能源、冶金等行业增加值比例上升。

3.3　重要水资源分区生态环境特征

(1)龙羊峡以上:青藏高原生态屏障,黄河的主要产流区和重要涵养地,湿地集中分布区,黄河特有土著鱼类重要栖息地。区域在维护流域生态平衡、保护生物多样性、提供珍稀和特有物种栖息地、调节区域气候等方面发挥着重要作用。

(2)龙羊峡至兰州:黄河径流的主要产地之一,区间水力资源丰富;兰州—西宁地区是我国主体功能区划重点开发区;黄河干流、大通河、洮河等河流是流域重要的特有、濒危保护鱼类栖息地;黄河、湟水等河流是西宁、兰州、白银等重要城镇的主要供水水源。水功能区水质达标率为84%。

(3)兰州至河口镇:该区间土地与煤炭、铁、稀土等矿产资源丰富,宁夏沿黄经济区、呼包鄂地区是我国主体功能区划重点开发区,黄河是区间主要供水水源,分布有河套灌区,是黄河特有土著鱼类的栖息地,区间湿地资源丰富,是我国重要的防风防沙生态屏障。

该区间经济发展迅速,已拥有煤炭、电力、冶金、石油、机械、化工、化纤、医药等多个行业的工业体系,以资源为依托的大型企业有包钢、达电及稀土公司等;区域农业灌溉比较发达,拥有青铜峡、引黄新灌区等水利枢纽工程,宁蒙河套平原素有"鱼米之乡"之称。

黄河既是该区间城镇生活、工业和农业用水的重要水源,也是其最终的纳污水体。该区间的黄河银川、石嘴山、包头等河段,以及大黑河、乌梁素海等支流水污染严重;受大坝阻隔、水文过程均化、水体污染影响,区间生产用水挤占生态用水,土著鱼类栖息地被破坏,湿地环境质量下降,湿地水域面积萎缩;银川、呼和浩特地下水超采严重。

(4)河口镇至龙门:该区间地表径流贫乏,但煤炭资源丰富,呼包鄂榆地区是国家级重点开发区域,是国家重点生态功能区——黄土高原丘陵沟壑水土保持生态功能区。

该区域榆林、延安、吕梁等主要城镇以及工业园区集中排污,造成窟野河、无定河、延河、三川河及部分中小河流水体污染严重,环境风险巨大。

(5)龙门至三门峡:该区域煤炭资源富集,是我国重要的能源重化工基地;太原城市群、关中—天水地区是国家级重点开发区;集中分布有秦巴生物多样性生态功能区、黄土高原丘陵沟壑水土保持生态功能区等国家重点生态功能区。

该区域地处豫、陕、晋三省交界地带,社会经济相对繁荣,工业较为发达,以煤炭、电力、有色金属为主。该河段社会经济主要集中在渭河、汾河等支流上,目前渭河、汾河等支流实际已成为沿河两岸的纳污水体,水污染严重,进而影响黄河干流水质。汾河岩溶泉域破坏严重,自然出流几近衰竭,渭河西安、咸阳、渭南、运城等地下水超采严重;渭河、汾河等主要河流及部分支流河道流量衰减甚至断流,沿河湿地萎缩,河道侵占现象严重,河流廊道生态系统受到破坏,湿地环境质量和鱼类栖息地质量下降;黄土高原部分区域水源涵养功能受损。

(6)三门峡至花园口:该区间矿产资源丰富,经济社会相对发达,境内生境类型多样,鱼类等水生生物多样性丰富,河流、河漫滩水库湿地发育,是黄河中游重要的生态区域。水功能区水质达标率为52%。

伊洛河和沁河等河流城市河段水污染严重,局部存在内源污染,河道内自净水量满足程度不高;伊洛河和沁河等河流水电开发无序,部分河段脱流现象严重,沁河存在部分时段断流现象,河流的连通性与水流连续性受到破坏。

3.4 黄河干流水功能区划

根据《全国重要江河湖泊水功能区划》,黄河干流共划分 18 个一级水功能区,包括 2 个保护区、2 个保留区、4 个缓冲区和 10 个开发利用区,其中 10 个开发利用区又划分出 50 个二级水功能区。各水功能区类型及其水质目标是黄河干流不同河段水资源开发利用与保护的重要依据。

黄河干流共划分保护区 2 个,分别为黄河玛多源头水保护区、黄河万家寨调水水源保护区,河长共计 384 km,占黄河干流河长的 7%;划分保留区 2 个,分别为黄河青甘川保留区和黄河河口保留区,河长 14 582 km,占黄河干流河长的 26.7%;划分缓冲区 4 个,分别为黄河青甘缓冲区、黄河甘宁缓冲区、黄河宁蒙缓冲区、黄河托克托缓冲区,均为省界缓冲区;划分开发利用区 10 个,分别为黄河青海开发利用区、黄河甘肃开发利用区、黄河宁夏开发利用区、黄河内蒙古开发利用区、黄河晋陕开发利用区、黄河三门峡水库开发利用区、黄河小浪底水库开发利用区、黄河河南开发利用区、黄河豫鲁开发利用区、黄河山东开发利用区。

黄河干流水功能区划详细情况见表 3-2。

表 3-2 黄河干流水功能区划

序号	一级水功能区名称	二级水功能区名称	起始断面位置	终止断面位置	长度(km)	水质目标	代表断面
1	黄河玛多源头水保护区		河源	黄河沿水文站	270	Ⅱ	玛曲
2	黄河青甘川保留区		黄河沿水文站	龙羊峡大坝	1 417.2	Ⅱ	玛曲

序号	一级水功能区名称	二级水功能区名称	起始断面位置	终止断面位置	长度（km）	水质目标	代表断面
3	黄河青海开发利用区	黄河李家峡农业用水区	龙羊峡大坝	李家峡大坝	102	II	贵德
4		黄河尖扎、循化农业用水区	李家峡大坝	清水河入口	126.2	II	循化
5	黄河青甘缓冲区		清水河入口	朱家大湾	41.5	II	大河家
6	黄河甘肃开发利用区	黄河刘家峡渔业、饮用水水源区	朱家大湾	刘家峡大坝	63.3	II	
7		黄河盐锅峡渔业、工业用水区	刘家峡大坝	盐锅峡大坝	31.6	II	小川
8		黄河八盘峡渔业、农业用水区	盐锅峡大坝	八盘峡大坝	17.1	II	
9		黄河兰州饮用、工业用水区	八盘峡大坝	西柳沟	23.1	II	新城桥
10		黄河兰州工业、景观用水区	西柳沟	青白石	35.5	III	兰州
11		黄河兰州排污控制区	青白石	包兰桥	5.8		包兰桥
12		黄河兰州过渡区	包兰桥	什川吊桥	23.6	III	
13		黄河皋兰农业用水区	什川吊桥	大峡大坝	27.1	III	
14		黄河白银饮用、工业用水区	大峡大坝	北湾	37	III	水川吊桥
15		黄河靖远渔业、工业用水区	北湾	五佛寺	159.5	III	安宁渡
16	黄河甘宁缓冲区		五佛寺	下河沿	100.6	III	下河沿

序号	一级水功能区名称	二级水功能区名称	起始断面位置	终止断面位置	长度（km）	水质目标	代表断面
17	黄河宁夏开发利用区	黄河青铜峡饮用、农业用水区	下河沿	青铜峡水文站	123.4	Ⅲ	青铜峡
18		黄河吴忠排污控制区	青铜峡水文站	叶盛公路桥	30.5		
19		黄河永宁过渡区	叶盛公路桥	银川公路桥	39	Ⅲ	银川公路桥
20		黄河陶乐农业用水区	银川公路桥	伍堆子	76.1	Ⅲ	陶乐
21	黄河宁蒙缓冲区		伍堆子	三道坎铁路桥	81	Ⅲ	麻黄沟
22	黄河内蒙古开发利用区	黄河乌海排污控制区	三道坎铁路桥	下海勃湾	25.6		
23		黄河乌海过渡区	下海勃湾	磴口水文站	28.8	Ⅲ	
24		黄河三盛公农业用水区	磴口水文站	三盛公大坝	54.6	Ⅲ	三盛公
25		黄河巴彦淖尔盟农业用水区	三盛公大坝	沙圪堵渡口	198.3	Ⅲ	巴彦高勒
26		黄河乌拉特前旗排污控制区	沙圪堵渡口	三湖河口	23.2		三湖河口
27		黄河乌拉特前旗过渡区	三湖河口	三应河头	26.7	Ⅲ	
28		黄河乌拉特前旗农业用水区	三应河头	黑麻淖渡口	90.3	Ⅲ	

序号	一级水功能区名称	二级水功能区名称	起始断面位置	终止断面位置	长度（km）	水质目标	代表断面
29	黄河内蒙古开发利用区	黄河昭君坟饮用、工业用水区	黑麻淖渡口	西柳沟入口	9.3	Ⅲ	昭君坟
30		黄河包头昆都仑排污控制区	西柳沟入口	红旗渔场	12.1		
31		黄河包头昆都仑过渡区	红旗渔场	包神铁路桥	9.2	Ⅲ	画匠营
32		黄河包头东河饮用、工业用水区	包神铁路桥	东兴火车站	39	Ⅲ	镫口
33		黄河土默特右旗农业用水区	东兴火车站	头道拐水文站	113.1	Ⅲ	头道拐
34	黄河托克托缓冲区		头道拐水文站	喇嘛湾	41	Ⅲ	喇嘛湾
35	黄河万家寨调水水源保护区		喇嘛湾	万家寨大坝	73	Ⅲ	万家寨库区
36	黄河晋陕开发利用区	黄河天桥农业用水区	万家寨大坝	天桥大坝	96.6	Ⅲ	河曲
37		黄河府谷保德排污控制区	天桥大坝	孤山川入口	9.7		府谷
38		黄河府谷保德过渡区	孤山川入口	石马川入口	19.9	Ⅲ	
39		黄河碛口农业用水区	石马川入口	回水湾	202.5	Ⅲ	兴神大桥
40		黄河吴堡排污控制区	回水湾	吴堡水文站	15.8		
41		黄河吴堡过渡区	吴堡水文站	河底	21.4	Ⅲ	吴堡

序号	一级水功能区名称	二级水功能区名称	起始断面位置	终止断面位置	长度（km）	水质目标	代表断面
42	黄河晋陕开发利用区	黄河古贤农业用水区	河底	古贤	186.6	III	
43		黄河壶口景观用水区	古贤	仕望河入口	15.1	III	
44		黄河龙门农业用水区	仕望河入口	龙门水文站	53.8	III	龙门
45	黄河三门峡水库开发利用区	黄河渭南、运城渔业、农业用水区	龙门水文站	潼关水文站	129.7	III	潼关
46		黄河三门峡、运城渔业、农业用水区	潼关水文站	何家滩	77.1	III	
47		黄河三门峡饮用、工业用水区	何家滩	三门峡大坝	33.6	III	三门峡公路桥
48	黄河小浪底水库开发利用区	黄河小浪底饮用、工业用水区	三门峡大坝	小浪底大坝	130.8	III	三门峡
49	黄河河南开发利用区	黄河焦作饮用、农业用水区	小浪底大坝	孤柏嘴	78.1	III	小浪底
50		黄河郑州、新乡饮用、工业用水区	孤柏嘴	狼城岗	110	III	花园口
51		黄河开封饮用、工业用水区	狼城岗	东坝头	58.2	III	开封大桥
52	黄河豫鲁开发利用区	黄河濮阳饮用、工业用水区	东坝头	大王庄	134.6	III	高村
53		黄河菏泽工业、农业用水区	大王庄	张庄闸	99.7	III	孙口

序号	一级水功能区名称	二级水功能区名称	起始断面位置	终止断面位置	长度（km）	水质目标	代表断面
54	黄河山东开发利用区	黄河聊城、德州饮用、工业用水区	张庄闸	齐河公路桥	118	Ⅲ	艾山
55		黄河淄博、滨州饮用、工业用水区	齐河公路桥	梯子坝	87.3	Ⅲ	泺口
56		黄河滨州饮用、工业用水区	梯子坝	王旺庄	82.2	Ⅲ	滨州
57		黄河东营饮用、工业用水区	王旺庄	西河口	86.6	Ⅲ	利津
58	黄河河口保留区		西河口	入海口	41	Ⅲ	

第4章 黄河流域水环境补偿机制框架研究

4.1 黄河流域水环境补偿机制的概念与内涵

从补偿的原因、目的和对象出发,本书提出的黄河流域水环境补偿机制,是指以保护和可持续利用黄河流域水资源、水环境的生态服务为目的,以经济手段为主调节流域内各省区利益关系的制度安排。其内涵是考虑流域各省区在保护水资源量、水资源质量方面所做的贡献,以及其在水资源开发利用过程中对下游区域用水量及用水水质造成的影响,对其在流域水资源和水环境保护方面所获得的效益进行奖励或在破坏流域水资源和水环境方面造成的损失进行赔偿的制度。

与水生态补偿相比较,此处提出的黄河流域水环境补偿机制涉及的因素较为集中,未涉及植被覆盖、水土保持、生物多样性等对水生生态系统产生影响的要素,密切围绕最直接反映水资源、水环境服务价值的水质、水量保护贡献和损害责任开展流域补偿工作。

4.2 黄河流域水环境补偿框架设计

本书根据流域水环境补偿需要解决的确定补偿实施主体和运作机制等主要问题,解析、识别建立流域水环境补偿机制中为什么补、怎样补、谁补偿谁等7个关键环节,相应提出包括水环境产品识别及补偿目标、补偿方式、补偿主客体、补偿依据及指标选择、补偿量测算方法、资金筹措渠道、实施保障等7部分内容的黄河流域水环境补偿框架体系设计,构建思路详见图4-1。

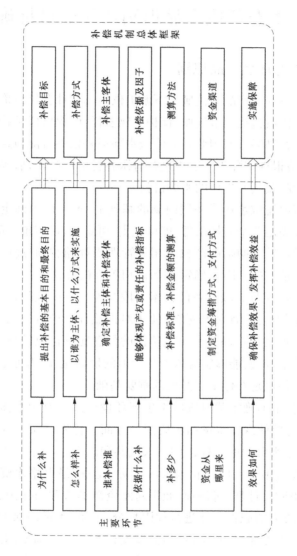

图 4-1 黄河流域水环境补偿框架体系构建思路

4.3 水生态环境产品识别及补偿目标确定

4.3.1 水生态环境产品识别

流域水生态环境产品为流域上下游提供生态和社会经济价值。由于其生态服务价值包括调节气候、保护生物多样性、提供保护物种的特殊生境等,较为多样复杂,因此开展流域水环境补偿不可能对这些价值全部考量,而应根据实际工作需求进行有限目标的产品识别,界定流域水生态环境产品及其所提供的服务价值。

在前述黄河流域水环境补偿内涵的基础上,本书认为确定流域生态环境产品应满足3个前提条件,即可定责、可定量、可定价。第一,该产品应具有相对较为明晰的产权或相关管理职责,能够通过产权的划分或职责完成情况的判断来确定各利益相关方的补偿关系,即为可定责;第二,现阶段应具有较完备的技术手段和能力支撑,能够实现对该产品进行定量的监测、评估和考核,便于对损益程度进行量化,即为可定量;第三,人们对该产品具有一定价值的概念能够达成较高共识,并且通过相关技术方法,能够实现该产品价值的价格化,即为可定价。上述3个前提条件也是补偿工作开展的重要基础。

综上所述,本书确定黄河流域水生态环境产品主要为水体本身所附有的价值,主要体现在水量和水质两个方面。首先,《中华人民共和国水法》明确了水资源的产权,《中华人民共和国水法》《中华人民共和国环境保护法》《中华人民共和国水污染防治法》《最严格水资源管理制度》《水污染防治计划》等法律、政策对水资源的管理与保护、水环境保护、水污染防治的职责主体进行权限划分,水质、水量的保护职责均可落实到相应职责部门;其次,黄河流域实行水量统一调度,对各省区取耗水指标有具体要求,国务院批复的《全国重要江河水功能区划》明确了黄河干流各水功能区的水质目标,国家目前正在实施水污染防治规划考核和最严格水资源管理制度考核,能够实现对流域各省区用水量、河流重要断面水质的监控、监测、评估与考核,选择水质、水量作为水生态环境产品开展生态补偿具有良好的实施条件;再次,目前公众对水资源具有使用价值、重要的生态价值以及水资源保护、水污染治理需要大量资金投入已形成一定认识,国家对水资源费和排污费的征收也已形成长效机制,水质、水量产品已具有价格化的基础。从考虑直接成本投入、发展机会损失等因素出发,能够实现对水质、水量保护补偿和损害赔偿资金的测算。

4.3.2 黄河流域水环境补偿目标

黄河流域水环境补偿的基本目标是约束流域各省区排污行为,规范其用水行为,通过实施流域水环境补偿,缓解上下游水污染矛盾,激励流域范围内的水资源保护建设,促进流域上下游省区水质、水量责任目标的实现,改善黄河水环境。最终目标是调整流域内各省区的环境和经济行为,使黄河水环境服务功能得以持续稳定发挥,促进流域上下游可持续发展。

4.4 补偿方式

4.4.1 组织形式

补偿实施主体和运作机制是决定生态补偿方式本质特征的核心内容和补偿实施的首要前提。根据我国现行的水资源产权制度,经济制度和资源、环境管理制度,流域上下游水资源与水环境保护的职责基本由相关行政区政府承担,因此采取政府补偿模式相对较易实施。另外,当前我国的生态补偿仍处于探索阶段,对于范围较大的流域及区域的水环境补偿工作,采取政府补偿仍为较稳妥的方式。

黄河流域属于具有全局性影响的大尺度流域,流域面积大,涉及补偿规模大,生态环境服务的受益者众多,生态环境服务的提供者众多,受益和保护地区界定困难,各相关方责任义务复杂,开展和实施的难度和复杂性高,市场交易成本太高且难以达到协调各省区共同行动的目的,现阶段政府权力仍是推进补偿开展的主导力量。因此本书认为,黄河流域水环境补偿应该采取政府主导的方式,由中央政府组织、协调流域上下游省级政府共同合作来实施开展,该组织方式是补偿能够顺利开展的前提。

由于黄河流域水环境补偿资金的筹集、扣缴、分配主要以省级人民政府为基本单元实施,因此补偿资金的筹措、发放应由财政部负责统一组织。在流域水量、水质的管理方面,黄河水利委员会作为流域管理机构,被授权代表水利部在所管辖的范围内行使法律、行政法规规定的和国务院水行政主管部门授予的水资源管理和监督职责,长期以来负责流域的水量统一分配、调度、监控,以及重要水文、水质断面的监测工作。因此,黄河水利委员会可以代表流域整体利益组织协调流域各省区开展补偿工作,但考虑到流域水环境补偿所涉及的上下游省级行政主体较多,需要上一级行政主体协调,以及与财政部相关工作的对接问题,研究认为现阶段黄河流域水环境补偿工作由水利部负责组织实施将更为顺畅。

总体来看,应从国家、流域、省区三个层次建立黄河流域水环境补偿协调机制,中央政府是流域水环境补偿的主导者,搭建流域补偿利益主体的协商平台,协调上下游省区政府之间的合作;黄河水利委员会负责制定流域水环境补偿的具体办法,明确补偿的范围、原则、标准及各省级政府的责任义务,协调、考核各省区履行水环境补偿义务的情况等。

补偿适用范围为黄河流域范围内青海、四川、甘肃、宁夏、内蒙古、陕西、山西、河南、山东 9 个省区。

4.4.2 补偿模式

4.4.2.1 现行的主要补偿模式

目前,我国实施的流域水环境补偿模式主要有上下游政府间共同出资、政府间财政转移支付、基于出境水质的政府间强制性扣缴,以及上下游政府间协商交易等几种模式,其中应用最多的是基于出境水质的政府间强制性扣缴的补偿模式。

上述补偿模式均需通过政府间财政转移支付得以实施,因此从政府间财政转移支付模式来看,主要有纵向财政转移支付模式和横向财政转移支付模式,其中纵向财政转移支付模式是指补偿责任主体与上级行政主体间的财政转移支付模式;横向财政转移支付模式是指上下游同级行政主体间的财政转移支付模式。纵向财政转移支付模式更关注平衡地区间的差异,体现公平分配的功能;横向财政转移支付模式更注重协调流域上下游地区间的利益冲突。从目前我国生态补偿的财政转移支付模式看,纵向转移支付占绝对主导地位,已初步建立起以纵向财政转移支付为主要途径的流域生态补偿机制。近年来,流域生态补偿逐渐开始倡导以重点流域为试点,建立基于水量和水质的流域横向生态补偿制度。

通过前述对主要流域水环境补偿模式进行比较发现,不同模式之间并不存在必然的优劣关系,这些模式的形成受到流域自然环境特点、上下游区域需求差异、流域自身经济水平以及客观条件的影响。此外,流域水资源环境问题是一个复杂的问题,许多情况下单一模式并不能提供整体的解决方案,不同模式的组合使用也是流域生态补偿问题能得以解决的十分重要的选择思路。

4.4.2.2 黄河流域水环境补偿模式

黄河流域水环境补偿是基于水量和水质的生态补偿机制,从水资源产权及水环境保护相关职责出发,选择流域上下游省区对黄河水资源量贡献、用水总量控制、水质达标三类因素作为重要指标,根据上述三类因素的情况来筹措和分配流域水环境补偿金,建立流域纵向与横向相结合的水环境补偿机制。

黄河流域水环境补偿机制的基本思路是:体现水资源有偿使用制度,鼓励保护流域水资源、水环境,尝试流域补偿机制和模式的创新。黄河流域内各省区责任共担,向国家缴纳一定资金,国家配套一部分资金,共同组成流域水环境补偿基金,然后由国家根据核算标准向流域上下游省区进行财政转移支付。对于水资源量贡献因素,根据各省区对流域水资源的贡献程度给予补偿;对于用水总量控制因素,根据省区实际用水情况,对超标用水予以惩罚,对节约用水加以补偿;对于水质达标因素,根据黄河干流省区界出境断面水质达标与否,予以奖励或赔偿。该补偿机制中,保护补偿和损害赔偿两种补偿类型并存。

在水资源量贡献、用水总量控制两类因素方面,考虑其主要由全流域统筹控制,而且完成情况主要由上级政府考核,上下游省区间直接矛盾体现并不明显,因此对于这两类因素,应采取纵向补偿核算模式及纵向财政转移支付补偿模式。而在水质达标因素方面,上游省区出境断面水质不达标对下游省区影响较为明显,上下游利益冲突显著,因此对于该因素应采取横向水污染核算模式,界定上游省区水污染对下游省区的影响程度,从而实施相应赔偿。由于在财政转移支付方面,我国目前还未建立起有效的横向财政转移支付体系,因此采取从责任省区水环境补偿基金中扣缴并下达给受损省区,即以纵代横的补偿模式进行。

4.4.3 资金渠道

流域范围内各省区既是流域水环境的保护者,也是受益者,对流域水资源环境保护承担共同责任。因此,由流域内各省区按财政收入的一定比例筹集流域水环境补偿金,同时,中央政府从征收的水资源费中配套一部分作为补偿金,共同组成黄河流域水环境补偿基金。在补偿金的分配上,按照水资源量贡献、用水总量控制、水质达标三类因素统筹分配至流域上下游省区。综合考虑不同地区受益程度、保护责任、经济发展等因素,在资金筹措和分配上向提供充足水量、优质水质的地区倾斜。补偿金支付的主要手段是上级政府对被补偿地方政府的财政转移支付。

4.5　补偿主体与补偿对象

黄河流域属于具有全局性影响的大尺度流域,流域面积大,生态环境服务的受益者众多,生态环境服务的提供者众多。随着离上游距离的增加,水资源、环境服务的提供者和受益者之间联系的纽带越来越松弛,加之沿途各种复杂的地理条件和人类活动的影响,越往下游,界定补偿主体和补偿对象将变得越加困难。

针对上述黄河流域特性,对于流域水环境补偿来讲,依靠上下游省区间水资源、环境的提供者和受益者的关系,难以界定某一省区到底是属于补偿主体还是补偿客体。本书认为,根据各省区对水资源、环境保护职责的完成情况,确定其在补偿中的角色则更为清晰、准确。若省区完成用水总量控制、出境断面水质达标等职责,则视其实现了对区域水资源、水环境的保护,对其节约保护水资源的行为及效果应予以补偿,该省区为补偿对象;若省区超标取水、出境断面水质不达标,未完成用水总量控制、出境断面水质达标等职责,则视为对区域水资源、水环境造成损害,应对受损区域造成的影响进行赔偿,此时该省区为补偿主体。因此,根据各省区对水资源、环境保护职责的完成情况不同,流域上下游省区政府既可以是补偿主体,也可以是补偿客体,或同时是二者的交织体。

4.6　补偿依据及指标选择

目前,水利部统筹考虑经济社会发展水平,水质、水量及相邻水域关系,已正式编制完成《全国重要江河湖泊水功能区纳污能力核定及限制排污总量意见》,国务院也以国办发〔2013〕2号文正式印发了《实行最严格水资源管理制度考核办法》。上述文件对2015年、2020年、2030年全国重要江河湖泊水功能区水质目标、重要断面水质目标、水功能区入河污染物总量控制指标、污染物排放总量控制指标、用水总量控制等进行了明确规定,提出了水资源管理责任和考核等制度建设要求。

上述规划、制度对各省区水质目标、污染物入河排放、用水总量提出了明确的要求,这些不仅是各省区开展水环境保护与综合治理的目标,也是评判相互水污染损害的重要依据。

黄河流域水环境补偿从上下游省区水质、水量的管理、保护职责出发,考虑水资源量贡献、用水总量控制、省界断面水质三类因素,以现行的相关规划、管理制度为依据,选取明确、公认的量化指标作为流域水环境补偿指标。

4.6.1 水资源量贡献因素

根据《黄河流域水资源综合规划》,采用 1956~2000 年水文资料系列统计分析,黄河流域多年平均地表水资源量为 607.3 亿 m^3,流域内各省区地表水资源量贡献比例及用水后贡献比例见表 4-1。可见,青海对流域水资源量贡献最大,其次是甘肃、陕西、四川和山西,宁夏、内蒙古、河南、山东 4 省产水量远不及取耗水量指标。各省区地表水资源量扣减实际用水后在流域产水量中所占的比例可作为界定流域内各省区水资源量贡献的依据。

表 4-1 黄河流域各省区地表水资源量贡献比例及用水后贡献比例统计

省区	多年平均地表水资源量(亿 m^3)	贡献比例(%)	年耗水量指标(亿 m^3)	扣减用水指标后的贡献比例(%)
青海	206.8	34	14.1	31.7
四川	47.5	8	0.4	7.8
甘肃	122.1	20	30.4	15.1
宁夏	9.5	2	40.0	—
内蒙古	20.9	3	58.6	—

省区	多年平均地表水资源量(亿 m³)	贡献比例(%)	年耗水量(亿 m³)	扣减用水指标后的贡献比例(%)
陕西	90.7	15	38.0	8.7
山西	49.5	8	43.1	1.1
河南	43.6	7	55.4	——
山东	16.7	3	70.0	——
黄河流域	607.3	100	350	

4.6.2 用水总量控制因素

根据《国务院办公厅转发国家计委和水电部关于黄河可供水量分配方案报告的通知》(国办发〔1987〕61 号),黄河可供水量分配方案如表 4-2 所示。该方案在黄河水量分配及水量调度工作中至今仍发挥着重要作用,可作为流域内各省区用水总量控制的依据。

表 4-2　黄河可供水量分配方案

地区	青海	四川	甘肃	宁夏	内蒙古	陕西	山西	河南	山东	河北、天津	合计
年耗水量(亿 m³)	14.1	0.4	30.4	40.0	58.6	38.0	43.1	55.4	70.0	20.0	370

4.6.3 省界断面水质达标因素

根据国务院批复的《全国重要江河湖泊水功能区划》,黄河干流主要省界断面水质目标均已明确,考虑与最严格水资源管理考核制度相衔接,选取黄河干流省界断面 COD、氨氮两个水质因子的达标要求作为省区水质是否达标的依据。考核断面详见表 4-3。

表 4-3 黄河干流主要省界断面一览

序号	一级水功能区名称	上下游省区	省界断面	水质目标	COD（mg/L）	氨氮（mg/L）
1	黄河青甘缓冲区	青海、甘肃	大河家	Ⅱ	≤15	≤0.5
2	黄河甘宁缓冲区	甘肃、宁夏	下河沿	Ⅲ		
3	黄河宁蒙缓冲区	宁夏、内蒙古	麻黄沟	Ⅲ		
4	黄河托克托缓冲区	内蒙古、山西、陕西	喇嘛湾	Ⅲ		
5	黄河晋陕开发利用区	山西、陕西（左右岸）	河曲	Ⅲ	≤20	≤1.0
6	黄河三门峡水库开发利用区	陕西、山西、河南（左右岸）	潼关	Ⅲ		
7	黄河小浪底水库开发利用区	河南、山西（左右岸）	三门峡	Ⅲ		
8	黄河河南开发利用区	河南、山西（左右岸）	小浪底	Ⅲ		
9	黄河豫鲁开发利用区	河南、山东	高村	Ⅲ		
		入海断面	利津	Ⅲ		

4.6.3.1 跨界水污染责任划分

基于省界断面水质状况分析评价结果,认为跨界水污染责任划分可分为以下几类:

(1)上游省区在产水、水环境综合治理等水量、水质保护的作用下,实现或优于水功能区水质目标,为下游省区实现水功能区水质目标做出了贡献,此时上游省区对下游的水污染无义务承担责任。

(2)上游省区由于在取耗水、入河排污等方面超过既定规划方案,造成出省区水质未能实现水功能区水质目标,在下游水量、水质传递,水利工程调蓄等相关因素作用下,对下游水环境造成损害:①对下游相邻省区一定范围内水质或出该省区省界水质构成影响,应承担下游相邻省区水污染责任;②对下游相邻省区及其以下省区一定范围内水质或出省区省界水质构成影响,应承担受影响的下游省区水污染责任。

界定黄河干流跨省界水污染责任与水污染损失,确定补偿、赔偿的机制等,需对省界断面上下游水环境影响关系进行描述,量化黄河上游地区排放污染物及取耗水对下游省区的影响范围和程度。因此,本书第 5 章、第 6 章基于环境水利学方法,考虑水质和水量两方面因素,结合黄河流域行政区划状况,定量表达沿黄河干流省区排放污染物及取耗水对下游省区的影响,探究跨界水污染责任划分,明确利益相关方及相关各要素对水污染的贡献程度。

4.6.3.2 相关概念的界定

1. 水污染损害

由于本地及上游水域超指标排污或取耗水,致使本水域水质超过水功能区水质目标,对水体造成的污染。

2. 水污染责任

某水域超过水功能区水质目标的影响,经分析,该影响可划分为相关方所属的影响因素应承担水污染影响的程度和范围。

3. 水污染贡献率

某水域不能实现既定水功能区水质目标,经分析,评判超过水功能区水质目标的影响应由相关方共同承担,按照一定技术方法分析得出的相关方所属的影响因素对水环境的责任贡献百分比。

4. 水环境受益

某水域实现优于既定水功能区水质目标,经分析,该水域优于水功能区水质目标的受益,可划分为相关方所属的影响因素对水质受益的贡献程度和范围。

4.7 补偿金测算方法

黄河流域水环境补偿金,按照水资源量贡献、用水总量控制、干流省界断面水质达标三类因素统筹计算至流域范围内各省区。

4.7.1　水资源量贡献补偿金

水资源量贡献补偿金用于激励省区对流域水资源的贡献,该部分补偿不考虑取耗水量超过自身产水量的省区。流域内各省区的年均地表水资源量扣除省区当年耗水量后,即为该省区对流域贡献的水资源量,其在流域地表水资源总量扣除流域当年耗水量后所占的比例即为该省区水资源量贡献率。从黄河流域水环境补偿基金中划出一部分资金作为流域水资源贡献补偿金,各省区根据其水资源量贡献率按比例获得相应补偿金额。测算公式见式(4-1)。

$$S_{i1} = S_0 \frac{W_{ij^{\text{产}}} - W_i}{\sum_{i=1}^{n} (W_{ij^{\text{产}}} - W_i)} \tag{4-1}$$

式中:S_{i1} 为省区可获得的年度水资源贡献补偿金,万元;S_0 为流域年度水资源贡献补偿金总额,万元;$W_{ij^{\text{产}}}$ 为省区地表水资源量,亿 m^3;W_i 为省区年耗水量,亿 m^3;n 为流域内耗水量未超过自身产水量的省区数量,个。

4.7.2　用水总量控制补偿金

对于年耗水量超过取水指标的省区,由于未完成用水总量控制的职责,因此应作为流域用水总量控制补偿的主体,对流域水资源进行补偿。首先以耗水量减去取水指标得到超引水量,再以超引水量乘以相应的补偿标准得到应缴纳的补偿金额。用水总量控制补偿金测算公式见式(4-2)。

$$S_{i2} = P_2(W_i - W_{i0}) \tag{4-2}$$

式中:S_{i2} 为省区超标取水应缴纳的用水总量控制补偿金,万元;P_2 为流域用水总量控制补偿标准,万元/亿 m^3;W_{i0} 为省区年取水指标,亿 m^3;W_i 为省区年耗水量,亿 m^3。

4.7.3　黄河干流省界断面水质补偿金

以黄河干流省界断面的水质达标情况来判定省区是否完成流域水

资源保护职责,并结合断面径流量计算相应的补偿金额。根据现行最严格水资源管理制度水功能区水质达标评价办法,每年监测频次达到12次(每月1次)的水质断面,达标的月份应超过80%才视为水质达标,即每年12个月中水质不达标的月份超过3个(含3个)即视为该水功能区不达标。

对于年出境断面水质超标的省区,由于未完成辖区内水资源保护相关职责,并且对下游省区水环境造成影响,因此应作为流域用水环境补偿的主体,对流域水环境进行赔偿。黄河干流省界断面水质补偿金测算公式见式(4-3)。

$$S_{i3} = P_3 (C_i - C_{i0}) Q_i \tag{4-3}$$

式中:S_{i3} 为省区水质补偿金,万元;P_3 为流域水质补偿标准,万元/t;C_i 为省区出境断面水质污染物超标月份平均浓度,mg/L;C_{i0} 为出境断面水质目标值,mg/L;Q_i 为出境断面年径流量,亿 m^3。

若其入境断面水质已超标,本书根据入境污染物在黄河干流水体中的迁移转化规律,确定入境污染物引起水体出境断面污染物浓度的变化,进而在赔偿中界定出相邻上游省区的责任,上游省区依责赔偿。入境水环境超标责任界定方法详见第 5 章、第 6 章。

4.7.4 黄河流域水环境补偿金

各省区承担的流域水环境补偿金是上述三部分补偿金之和,其测算公式见式(4-4)。

$$S_i = S_{i1} + S_{i2} + S_{i3} \tag{4-4}$$

4.8 补偿标准的确定

4.8.1 水资源量贡献补偿标准

考虑水资源量贡献因素进行补偿金测算时,涉及的补偿标准主要是流域年度水资源贡献补偿金总额(S_0)的确定。年度水资源贡献补偿金总额考虑水资源费征收标准进行确定,按照流域当年征收水资源费总额的 1/10 进行补偿。

以 2011 年为例进行估算,黄河流域总用水量为 407.2 亿 m^3,水资源费征收标准按平均 0.15 元/m^3 计,则当年征收的水资源费总额为 61.1 亿元,其 1/10 即 6.11 亿元为流域 2011 年度水资源贡献补偿金总额(S_0)。

4.8.2 用水总量控制补偿标准

流域用水总量控制补偿标准的确定以水经济价值为依据,水经济价值是指进入经济生产活动中的水给使用者带来的直接利益增值。水经济价值采用效益分摊系数法计算,效益分摊系数法是 2013 年水利部颁布的《水利建设项目经济评价规范》(SL 72—2013)中制定的方法,其原理是按获取生产要素的代价比例进行贡献分摊。供水效益分摊系数是反映部门生产与供水投入两方面情况、供水效益的多种影响因素及其相关关系的综合系数。

水经济价值的具体计算公式为

$$EVW_1 = TVW_1/Q_1 \tag{4-5}$$

式中:EVW_1 为水经济价值;TVW_1 为供水的分摊总收益;Q_1 为用水量。

$$TVW_1 = B_1\varepsilon_{w,1} + F_w \tag{4-6}$$

式中:B_1 为利税总额;$\varepsilon_{w,1}$ 为水的效益分摊系数(水对部门或行业产出的贡献比例);F_w 为完全供水成本。

完全供水成本需根据我国国民经济统计资料信息合理分析计算获得。各省区的资料难以全面收集,而各省区平均完全供水成本比较接近,因此本次计算的 F_w 参考已有研究成果基础,利用完全供水成本的平均值代替。

$$B_1 = U_1 + M_1 \tag{4-7}$$

式中:U_1 为产品销售税金及其他税金;M_1 为工业的利润总额。

由于计算供水效益分摊系数需要收集各省区的水源工程固定资产净值、输水及水厂固定资产净值、用水部门固定资产净值等数据,难度较大,故参考中国水利水电科学研究院已有研究成果中对部分水经济价值估算时得到的效益分摊系数,作为本次计算的依据。

经计算,黄河流域各省区水经济价值最低的是四川省,为4.0元/m³,最高是河南省,为13.8元/m³,计算结果详见表4-4。

表4-4　黄河流域各省区水经济价值计算结果

（单位:元/m³）

省区	水经济价值	用水总量控制补偿标准
青海	7.4	7.4
四川	4.0	4.0
甘肃	7.4	7.4
宁夏	4.2	4.2
内蒙古	7.0	7.0
陕西	9.1	9.1
山西	11.9	11.9
河南	13.8	13.8
山东	12.5	12.5

注:此处的水经济价值为一、二、三产业平均值。

各省区的用水总量控制补偿标准采用各省区的水经济价值确定。

4.8.3　省界断面水质补偿标准

水质补偿是指流域内水资源利用或污染排放超过了用水总量控制指标或跨界断面水质目标,提高了下游地区的治理费用,则上游地区对下游地区额外承担的超标治污费用应给予一定的补偿。因此,水质补偿标准可从超标治污成本方面进行考虑。

超标治污成本可采用污水处理厂的总成本或直接成本来估算,总成本中包括折旧、利息、管网和大修等因素,直接成本中包括电费、药剂费、人员工资等因素。总成本可作为补偿金额的上限,直接成本可作为补偿金额的下限。

污水处理成本可通过分析污水处理厂数据,研究污水处理厂进水浓度与治污成本的关系推算得出。由于污水处理过程中,COD 和氨氮同时被削减,因此污水处理成本是 COD 和氨氮治理成本之和。计算各污染物处理成本时,可首先采用污染物治理成本系数法确定 COD 治理成本与氨氮治理成本的比例,然后将污水处理总成本在 COD 治理成本与氨氮治理成本之间进行分摊。

经对比研究,确定 COD 的治理成本为平均 2 500 元/t,氨氮的治理成本为平均 1 万元/t。

4.9　实施保障

实施保障是确保黄河流域水环境补偿有效开展的制度保障体系。它主要包括补偿资金的使用管理、跨界断面水质监测和数据管理、流域协调及纠纷仲裁、补偿绩效评估等方面。

4.9.1　补偿金的使用管理

设立黄河流域水环境补偿金。财政部负责补偿金的结算和转移支付下达工作,负责对补偿金的监管,财政部、水利部及黄河水利委员会对各省区补偿金的使用情况进行定期监督检查。审计部门要定期对各省区补偿金使用情况进行审计,相关部门对资金使用效果定期进行绩效评估。黄河水利委员会负责核定流域各省区上一年度用水量、用水总量控制指标及按用水量筹集资金数据、省界断面水质达标情况及补偿金计算。

4.9.2　流域协调及纠纷仲裁

黄河流域水环境补偿涉及省区多,协调工作量巨大,补偿工作的实施必须征得流域各省区广泛支持才能顺利进行。因此,应首先做好补偿的顶层设计,制订科学规范、简洁有效的流域水环境补偿实施方案,经充分讨论实施后,流域各省区应签订流域水环境补偿协议,就补偿具体事宜进一步明确。财政部、水利部共同指导补偿协议的编制和签订。

第 5 章　黄河跨省界水环境补偿模型构建

5.1　模型建立总体设想

本章从水环境系统水质演变规律出发,探究跨界水污染责任划分,通过建立黄河干流省界断面水质、水量传递影响模型,科学、客观地确定利益相关方及相关各要素对水污染的贡献程度,促进解决跨界水污染责任不明晰的问题。

5.1.1　模型构建的目的及思路

5.1.1.1　主要目的

本部分内容以描述水功能受损责任的界定为研究目标,以确保水污染损害计算所需资料的可获取性和易更新性为重要前提,在进行系统理论分析推导的基础上,结合黄河流域水资源管理具体情况,对复杂问题寻求合理的简化办法,通过抓住黄河干流水环境主要影响因子,建立规范化、流程化的流域水环境损害计量模型,为在我国全面开展流域水环境补偿相关损益核算提供实用化评估技术。

5.1.1.2　技术思路

考虑到最严格水资源管理制度考核、重点流域水污染防治专项规划考核均以省级行政区为对象,黄河流域范围大、跨省区数量多,本书对黄河流域水污染责任划分也以省级行政区划为单元,具体考核黄河干流省界断面主要污染物 COD、氨氮浓度是否达标,根据其达标情况计算上游省区排污、取耗水对下游省区的影响程度。计算及处理方法核心思路如下。

1. 基本原理

影响河流水质状况的因素包括污染物输入系统、污染物在水体中稀释扩散与衰减自净系统、取排水系统等,故涵盖水质、水量多种要素。一个河段区间内水污染状况往往是上游区域取排水与污染物输入,以及自身排污共同作用的结果。根据污染物在水体中的迁移转化规律,污染物排放或取耗水引起河流浓度的变化,其对下游的环境影响具有一定范围,并且不同区域受到影响的程度也有差异。

根据流域省区的沿程分布将黄河干流分段概化,基于环境水利学,采用一维均匀流水质方程作为水质、水量传递影响输入响应模型的控制方程,以河段末断面的浓度作为下一河段首段面的初始浓度进行计算,可推求得出黄河干流各省区水质浓度传递的影响。

2. 上游、本省区水环境责任界定

下游省区出境断面污染物浓度既有本区域排污、取水的影响,也包含了上游省区带来的影响。当某省区出境断面污染物浓度超过水功能区水质目标时,则认为该省区出境超标部分的污染物将对下游省区水质造成影响。利用上述水质、水量传递影响输入响应模型,计算出该省区出境断面污染物超标部分到达下游省区出境断面的浓度值,该浓度值视为其对下游省区出境断面污染物浓度的贡献值,下游省区出境断面的实测值与该影响值之差则为下游省区自身对出境断面的污染物浓度的贡献值。以各贡献值所占的百分比指示上游省区、本省区对出境断面污染物浓度的贡献率,从而区分上下游水环境损益责任。

1)超标取耗水责任界定

取耗水量增加造成河流稀释水量的减少,相应引起污染物浓度的增加,超标取水对河流水质的影响也应追责。将某省区超标取耗水量还原至出境断面径流量中,利用断面污染物通量可计算得到出境断面未超标取水情况下的污染物浓度值,该浓度值与出境断面实测污染物浓度值之差即为该省区超标取水导致的污染物浓度变化。

2）超标排污责任界定

在上述上游、本省区水环境责任界定的计算中，由于采用的是河道实测流量，因此计算结果中包含超标取水的影响，去除该部分影响值后，剩余的污染物浓度值即为超标排污造成的影响。

3）污染物通量计算

污染物通量为流量与水质浓度的乘积，利用黄河干流水文、水质逐月监测资料，计算主要省界断面逐月以及全年的污染物通量值，此值除以流量可用于推求超指标排污、取耗水对水质浓度的影响。

5.1.2 模型建立条件

本次黄河干流水质、水量传递影响模型建立的条件如下：

（1）既定相关规划方案中的水功能区水质目标、入河限制排污总量控制方案、用水总量控制方案等相关成果相互协调。水环境质量好于或劣于既定水功能区水质目标的主要原因是相关水域取耗水量、入河污染物总量与既定方案不一致。以黄河干流省界断面是否达到水质目标为依据，判定上游是否完成用水总量控制、排污控制的职责，进而确定其是否需要进行补偿或赔偿。

（2）目前，从构建水域水量平衡、水环境输移变化规律来讲，河道实测水文、水质资料，入河废污水及污染物资料仍比较欠缺。为搭建水污染损害责任模型框架，本书将充分利用现有观测资料，重点界定黄河主要省界断面水污染责任、损害和受益，避免过多地对径流、水质演变机制性内容开展深入研究。

（3）河流水质状况受排污与取耗水两个因素的共同影响，省界断面水质超标或达标应开展污染赔偿或保护补偿责任划分，本模型遵循水污染的客观规律，同时考虑排污与取耗水两个因素对省界断面水质的影响。

5.2　水质、水量传递影响模型

5.2.1　计算范围与河段划分

本次模型对黄河整个流域干流跨界污染问题开展研究,从上游青海省到下游山东省沿黄河干流8省区递推浓度传递影响,开展多省跨界污染责任划分。青海省出境水质监测断面为大河家,以此断面作为计算背景断面,浓度沿程推算至山东省出境断面利津,共计3 423 km。

计算单元的划分采用节点划分法。选取黄河干流省界断面区间河段作为计算单元,当区间距离过长时,如喇嘛湾—潼关河段,中间适当增加计算节点。另外,考虑重要水库、城镇敏感点,如三门峡水库、花园口等,也作为节点在模型中计算。

5.2.2　计算因子与计算时段

5.2.2.1　**计算因子**

多年黄河水质评价结果表明,黄河干流的主要污染物是以 COD 和氨氮表征的耗氧有机物,该两项因子亦是入河污染物总量控制、水污染物总量控制,以及水质达标考核和水功能区达标考核的控制因子,因此本书主要以 COD、氨氮作为模型计算因子。

5.2.2.2　**计算时段**

鉴于最严格水资源管理制度、水污染防治规划均以年度为单位进行相关指标的考核,因此黄河主要省界断面水污染责任、损害和受益研究也遵循此要求,以年度观测和统计数据为主开展相关分析,适当兼顾其他时段数据。

5.2.3　控制方程

污染物进入到地表水流后,一方面与水混合随流输移,在分子运动、水流紊动和剪切流作用下发生浓度扩散和分散现象;另一方面在化学或生物化学条件下发生转化和降解,其综合作用的结果是使地表水中污染物浓度沿流程发生改变。本书采用水质数学模型分析省界断面水质、水量传递影响,因涉及的水体为黄河干流,只关心污染物传递的沿程变化,故以一维水质模型的基本方程作为水质、水量传递影响的控制方程式(5-1),并假定污染物符合一级衰减反应。

一维河流水质模型的基本形式为

$$\frac{\partial C}{\partial t} + u\frac{\partial C}{\partial x} = E\frac{\partial^2 C}{\partial x^2} - kC \tag{5-1}$$

式中:C 为污染物浓度,mg/L;t 为时间,s;u 为河道平均流速,m/s;x 为河道纵向距离,m;E 为纵向离散系数,m^2/s;k 为污染物综合降解系数,1/s。

在恒定流条件下,水动力及水质要素均不随时间变化,因此 $\frac{\partial C}{\partial t} = 0$,则此时方程式(5-1)变化为

$$u\frac{\partial C}{\partial x} = E\frac{\partial^2 C}{\partial x^2} - kC \tag{5-2}$$

方程式(5-2)的解析解为

$$C_s = C_0 \exp\left[\frac{u}{2E}\left(1 - \sqrt{1 + \frac{4kE}{u^2}}\right)x\right] \tag{5-3}$$

式中:C_0、C_s 分别为研究河段单元背景(段首)浓度和段末浓度,mg/L。

对于不受潮汐影响的内陆河流,河道离散作用相对于对流作用较小,若忽略扩散项,方程式(5-2)的解析解为

$$C_s = C_0 \exp\left(-k\frac{x}{u}\right) \tag{5-4}$$

将 $C_0 = \frac{1}{1\,000}\frac{M_0}{Q}$ 代入式(5-4),可得

$$C_s = \frac{1}{1\,000}\frac{M_0}{Q}\exp\left(-k\frac{x}{u}\right) \tag{5-5}$$

式中:M_0 为省界断面污染物背景通量,mg/s;Q 为同一断面流量,m^3/s。

在实际应用中,黄河干流省界断面水质监测频次为每月一次,污染物月通量 M 由水质因子的月浓度实测值 C 乘以同一断面的月平均流量 Q 确定,汇总每月的污染物通量可得到以年为时间周期的通量值,

年通量经单位换算后代入式(5-5)计算。

在式(5-4)中，C_0 与水质目标 C_g 相比的差值 ΔC 亦可作为变量，用于推求水质超标量或达标量对下游省区的传递影响，见式(5-6)。

$$\Delta C_s = (C_0 - C_g) \exp\left(-k\frac{x}{u}\right) = \Delta C \exp\left(-k\frac{x}{u}\right) \tag{5-6}$$

黄河水功能区水质达标评价原则上采用频次法，目前黄河干流省界断面水质监测的频次为每年 12 次，根据《黄河流域(片)重要水功能区水质达标评价技术细则》，达标率大于或等于 80% 的水功能区为达标水功能区。研究发现，某省界水功能区某年度水质评价结果为"不达标"，如汇总每月的污染物通量得到年通量后，除以流量得到年均浓度，会出现全年平均水质浓度达标的情况，无法追究达标率小于 80%月份的超标责任。本次按照最严格水资源管理制度的要求，以大于或等于 3 个月超标月份的水质通量 M 除以流量 Q，得到超标月份的平均浓度 C，作为水污染责任划分时全年的追责浓度，见式(5-7)。

$$\Delta C_s = \left(\frac{\sum_{i=3}^{n} Q_i \times C_i}{\sum_{i=3}^{n} Q_i} - C_g\right) \exp\left(-k\frac{x}{u}\right) \quad (i = 3,4,\cdots,n; 3 \leqslant n \leqslant 12)$$

$$\tag{5-7}$$

两种因素可引起水体污染物浓度的改变：其一为从外界排入水体的污染物；其二为水体水量的变化。取耗水、排污、蒸发、渗漏等都可影响水体水量。因此，水体浓度的影响因素为

$$C = f(\text{取耗水,排污,蒸发,渗漏}\cdots\cdots) \tag{5-8}$$

式(5-4)~式(5-7)为污染物输入传递响应模型，满足叠加原理，可以对污染负荷的不同部分叠加计算。相比于排污与取耗水，蒸发、渗漏引起水体污染物浓度的变化量甚小，并且排污与取耗水是由于人为因素导致的污染物浓度变化，为便于省界断面水污染考核及追责，本书主要考虑取耗水与排污两因素对水质的影响，即

$$C = f(\text{取耗水,排污}) \tag{5-9}$$

取耗水、排污引起河道浓度的变化可以分别计算，并认为由两者之

和可推求共同作用引起河道浓度变化及其传递影响:

$$\Delta C_s = \Delta W \exp\left(-k\,\frac{x}{u}\right) + \Delta w \exp\left(-k\,\frac{x}{u}\right) \tag{5-10}$$

式中:ΔW 为超过或优于标准排放污染物引起的浓度变化量,mg/L;Δw 为超过或优于标准取耗水引起的浓度变化量,mg/L。

超过或优于标准排放污染物引起的浓度变化量采用式(5-11)计算:

$$\Delta W = \frac{1}{1\,000}\frac{M - M_g}{Q} \tag{5-11}$$

式中:M 为某省区污染物实际排放通量,mg/s;M_g 为限排标准,mg/s;Q 为断面流量,m³/s。

如果无准确的某省区实测污染物排放量数据,为便于考核工作的开展,在理论上,省界断面超过或优于标准浓度值去除上游省区超过或优于标准排污、取耗水及本省区超过或优于标准取耗水的影响后,剩余的污染物浓度值即为本省区超过或优于标准排污造成的影响。

超过或优于标准取耗水引起的浓度变化量采用式(5-12)计算:

$$\Delta w = \frac{1}{1\,000}\left(\frac{M}{Q} - \frac{M}{Q + q}\right) \tag{5-12}$$

式中:q 为某省区实际取耗水与指标的差值,m³/s。

5.2.4 模型计算思路

排污、取耗水两因素均可对河段水质产生影响,为简化研究过程,可以首先对两省区间跨界污染问题开展研究,而后开展多省区跨界污染责任划分研究。

对相邻的两省区来讲,n 为省界断面,上游省区河段可划分为 n 个河段,取耗水、排污相互交叉,见图5-1。

为简化研究过程,考虑上游省区每个河段排污重心、取水重心,将 i 河段内众多排污口、取水口进行概化处理,概化为单一的排污口、取水口,见图5-2。

(1)若 $X_i' \geqslant X_i$。

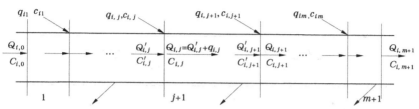

图 5-1 黄河取耗水示意图

第 i 河段取水口处：

$$Q'_{i0} = Q_{i0} - q'_i \qquad (5-13)$$

$$C'_{i0} = C_{i0}\exp[-k_i(L_i - X'_i)/u_i] \qquad (5-14)$$

第 i 河段排污口处：

$$Q_{i1} = Q'_{i0} + q_i \qquad (5-15)$$

$$C''_{i0} = C'_{i0}\exp(-k_i \mid X'_i - X_i \mid/u_i) \qquad (5-16)$$

$$C'''_{i0} = \frac{Q_{i0}C'_{i0} + q_i c_i}{Q_{i1}} \qquad (5-17)$$

$$C_{i1} = C'''_{i0}\exp(-k_i X_i/u_i) \qquad (5-18)$$

（2）若 $X_i \geqslant X'_i$。

第 i 河段排污口处：

$$Q'_{i0} = Q_{i0} + q_i \qquad (5-19)$$

$$C'_{i0} = C_{i0}\exp[-k_i(L_i - X_i)/u_i] \qquad (5-20)$$

$$C''_{i0} = \frac{Q_{i0}C'_{i0} + q_i c_i}{Q'_{i0}} \qquad (5-21)$$

第 i 河段取水口处：

$$Q_{i1} = Q'_{i0} - q'_i \qquad (5-22)$$

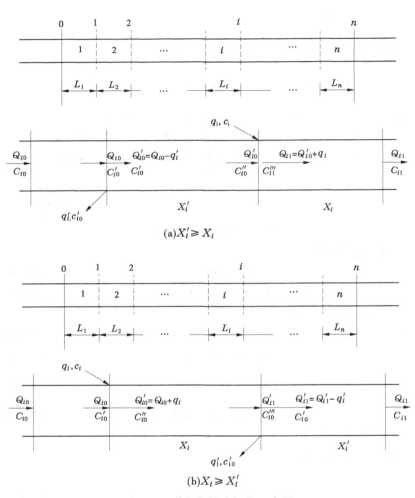

$$(a)X_i' \geqslant X_i$$

$$(b)X_i \geqslant X_i'$$

图5-2 黄河取排水概化示意图

$$C_{i0}''' = C_{i0}'' \exp(-k_i \mid X_i' - X_i \mid /u_i) \qquad (5\text{-}23)$$

$$C_{i1} = C_{i0}''' \exp(-k_i X_i'/u_i) \qquad (5\text{-}24)$$

（3）可将上述排污、取水以规划方案为基础结合变化量进行转化：

$$q_i' = q_{ig}' + \Delta q_i' \qquad (5\text{-}25)$$

$$q_i c_i = q_{ig} c_{ig} + \Delta q_i c_i \tag{5-26}$$

（4）可将 C_{i1} 与水质目标进行转化：

$$C_{i1} = C_{i1g} + \Delta C_{i1} \tag{5-27}$$

（5）通过函数转换可得到：

$$\Delta C_{i1} = f(\Delta q_i', \Delta q_i c_i) \tag{5-28}$$

（6）进而可分析得出省界断面受上游取水、排污增量的影响。

根据前述设定，设黄河第 n 个水质监测断面为省界，该断面水质超过或优于水质目标是由于 n 断面前 $1 \sim n$ 个河段超指标或优于限排方案排污、分水方案取耗水造成的，每个河段对 n 断面不同于水质目标的水质影响可通过排污、取耗水相对于规划方案的变化量（ΔW，Δw）进行表示，即

$$\alpha_i = f(\Delta W_i, \Delta w_i) \tag{5-29}$$

$$A_n = \sum_{i=0}^{n} \alpha_i \tag{5-30}$$

每一个河段对 n 断面的贡献为

$$b_i = \frac{\alpha_i}{A_n} \tag{5-31}$$

第 n 个省界断面前 m 个省区对该断面的影响可通过所属辖区河段影响累计计算，即

$$A_n = \sum_{j=0}^{m} A_j \tag{5-32}$$

$$A_j = \sum_{k=0}^{l} \alpha_k \tag{5-33}$$

第 j 省区对 n 断面的贡献为

$$b_j = \frac{A_j}{A_n} \tag{5-34}$$

采用输入传递响应模型计算黄河干流省区排污、取耗水引起水质浓度变化的传递影响，其数据可形成类似矩阵 A 的形式，其中某一列上的各项代表了某省区排污、取耗水对下游断面的影响程度及范围，即传递影响；某一行上的各项表示某省界断面受到上游及本省区排污、取

耗水的影响。

$$A = \begin{bmatrix} \alpha_{01} & 0 & 0 & 0 & \cdots & 0 \\ \alpha_{02} & \alpha_{12} & 0 & 0 & \cdots & 0 \\ \alpha_{03} & \alpha_{13} & \alpha_{23} & 0 & \cdots & 0 \\ \alpha_{04} & \alpha_{14} & \alpha_{24} & 0 & \cdots & 0 \\ \vdots & \vdots & \vdots & \vdots & & \vdots \\ \alpha_{0j} & \alpha_{1j} & \alpha_{2j} & \alpha_{3j} & \cdots & \alpha_{ij} \end{bmatrix} \qquad (5\text{-}35)$$

排污与取耗水两个因素对水质的影响采用叠加法计算,引起河道浓度变化的传输矩阵 A 可由排污、取耗水两个因素导致水质变化的矩阵之和表示:

$$A = \begin{bmatrix} \alpha_{01} & 0 & 0 & 0 & \cdots & 0 \\ \alpha_{02} & \alpha_{12} & 0 & 0 & \cdots & 0 \\ \alpha_{03} & \alpha_{13} & \alpha_{23} & 0 & \cdots & 0 \\ \alpha_{04} & \alpha_{14} & \alpha_{24} & 0 & \cdots & 0 \\ \vdots & \vdots & \vdots & \vdots & & \vdots \\ \alpha_{0j} & \alpha_{1j} & \alpha_{2j} & \alpha_{3j} & \cdots & \alpha_{ij} \end{bmatrix}_{\text{排污}} + \begin{bmatrix} \alpha_{01} & 0 & 0 & 0 & \cdots & 0 \\ \alpha_{02} & \alpha_{12} & 0 & 0 & \cdots & 0 \\ \alpha_{03} & \alpha_{13} & \alpha_{23} & 0 & \cdots & 0 \\ \alpha_{04} & \alpha_{14} & \alpha_{24} & 0 & \cdots & 0 \\ \vdots & \vdots & \vdots & \vdots & & \vdots \\ \alpha_{0j} & \alpha_{1j} & \alpha_{2j} & \alpha_{3j} & \cdots & \alpha_{ij} \end{bmatrix}_{\text{取耗水}}$$

$$(5\text{-}36)$$

对矩阵 A 每行上的元素求和,再将这一行的每个元素都除以该值,得到某省区排污、取耗水引起浓度传输变化占断面水质浓度的比例。

$$b_{ij\text{排污}} = \frac{\alpha_{ij}\big|_{\text{排污}}}{\sum\limits_{k=0}^{n} \alpha_{ij}} \qquad (5\text{-}37)$$

$$b_{ij\text{取耗水}} = \frac{\alpha_{ij}\big|_{\text{取耗水}}}{\sum\limits_{k=0}^{n} \alpha_{ij}} \qquad (5\text{-}38)$$

5.2.5 参数选取

5.2.5.1 污染物综合降解系数

相关研究表明,污染物综合降解系数不但与河流的水文条件,如流量、水温、流速、水深、泥沙含量等因素有关,而且与水体的污染程度关系密切。本书中污染物综合降解系数采用实测资料反推法和类比法分析确定。

$$k = \frac{86.4u(\ln C_1 - \ln C_2)}{\Delta x} \qquad (5\text{-}39)$$

式中:k 为污染物综合降解系数,1/d;C_1 为河段上断面污染物浓度,mg/L;C_2 为河段下断面污染物浓度,mg/L;u 为断面平均流速,m/s;Δx 为上下断面距离,km。

5.2.5.2　**计算单元背景浓度和下断面浓度**

以黄河干流大河家水质作为初始背景浓度 C_0,河道单元计算得到的断面水质浓度 C_s 作为下一计算单元的初始背景水质浓度 C_0。

5.2.5.3　**流速**

统计黄河实测流量、流速资料,建立流量—流速关系曲线。根据拟合的经验公式,以设计流量确定流速值。

流量与流速关系式为

$$u = aQ^b \qquad (5\text{-}40)$$

式中:u 为断面平均流速,m/s;Q 为流量值,m³/s;a、b 为待定系数。

5.2.6　模型讨论

(1)黄河水质、水量传递影响模型能反映流域污染传输的整体特征,对于研究范围上游区域的影响,可以采用上游区域与研究范围区域交界断面的浓度作为模型计算的变量,利用输入响应模型计算下游区域浓度传递影响。

(2)在实际应用中,为划分污染责任,界定水污染损失,确定补偿、赔偿标准,亦可把超过或优于指标排污或超过或优于指标取耗水引起浓度的变化值作为模型中的变量,通过计算可以反映上游区域污染对下游的赔偿比例或上游区域保护环境获得的补偿比例。

(3)本模型可以同时考虑排污与取耗水两个因素传递影响,两者均需换算成浓度单位代入模型计算。

(4)对于不同水文条件的影响,可以采用代表水文频率下的流量作为计算条件。

（5）针对黄河流域各省区地理位置分布而言，青海、甘肃、宁夏、内蒙古依次位居黄河干流的上下游，以河流的横断面为省界；而山西与陕西（河曲—潼关河段）、山西与河南（潼关—小浪底库区）均以黄河干流左右岸为界，针对此种情况，污染物经上游省区传递至以左右岸为界的河段节点时，可按照一定比例将上游传递至此的浓度分配至两省区。

第6章 黄河省界断面水质、水量传递影响

6.1 近年来黄河流域水资源及其利用情况

6.1.1 黄河流域水资源供需状况

6.1.1.1 黄河流域水资源量

黄河流域多年平均地表水资源量为 607.3 亿 m³。各省区详细分布情况见表6-1。

表6-1 黄河流域各省区多年平均地表水资源量

省区	面积（万 km²）	多年平均地表水资源量（亿 m³）	不同频率地表水资源量（亿 m³）			
			20%	50%	75%	95%
青海	15.23	206.8	243.0	201.7	173.8	141.1
四川	1.70	47.5	57.0	46.0	38.7	30.5
甘肃	14.32	122.1	149.4	118.9	97.7	72.0
宁夏	5.14	9.5	11.8	9.2	7.4	5.3
内蒙古	15.10	20.9	25.9	20.0	16.2	12.2
陕西	13.33	90.7	111.3	86.9	71.3	54.5
山西	9.71	49.5	62.9	46.2	36.2	26.3
河南	3.62	43.6	51.4	40.4	33.3	25.6
山东	1.36	16.7	23.7	12.7	8.2	5.9
黄河流域	79.51	607.3	736.4	582.0	482.8	373.4

6.1.1.2　地表水资源可利用量

地表水资源可利用量是指在可预见的时期内,统筹考虑生活、生产和生态环境用水,在协调河道内与河道外用水的基础上,通过经济合理、技术可行的措施可供河道外一次性利用的最大水量。

根据黄河流域水资源量评价,在现状下垫面情况下,1956～2000年45年系列黄河多年平均天然径流量为534.79亿 m³。根据河流生态环境需水分析,黄河多年平均河流生态环境需水量为200亿～220亿 m³。因此,现状年黄河流域地表水资源可利用量为314.79亿～334.79亿 m³,地表水资源可利用率为58.9%～62.6%。

6.1.1.3　黄河流域地表水供水量

2011年调查到黄河流域内的地表水供水量为393.61亿 m³,详见表6-2。

表6-2　2011年黄河流域内的地表水供水量调查统计

(单位:亿 m³)

省区	地表水供水量
青海	14.55
四川	0.31
甘肃	41.24
宁夏	68.77
内蒙古	75.51
陕西	33.43
山西	23.96
河南	55.25
山东	80.59
黄河流域	407.21

6.1.2　近年来流域各省区用水状况

从整体上看,近10年来黄河流域各省区中,只有陕西和山西两省地表水耗水量没有超出"87"分水指标,其余各省区均不同程度地存在超指标用水现象,其中甘肃、宁夏、内蒙古三省区超指标用水现象比较严重。各省区具体情况分析如下。

6.1.2.1　青海省

近10年来,青海省地表水耗水量均未超出"87"分水指标,详见图6-1。

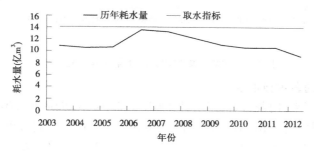

图 6-1　青海省耗水量历年变化

6.1.2.2　甘肃省

近10年来,甘肃省有三年,即2007年、2011年和2012年地表水耗水量超出"87"分水指标,其中2011年超标率最高,为9.3%,2007年最低,为0.1%,详见图6-2。

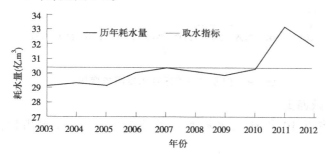

图 6-2　甘肃省耗水量历年变化

6.1.2.3　宁夏回族自治区

近10年来,宁夏只有2005年地表水耗水量超出"87"分水指标,超标率为5.2%,详见图6-3。

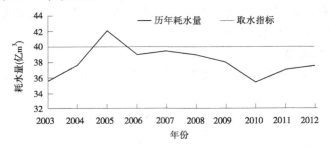

图6-3 宁夏回族自治区耗水量历年变化

6.1.2.4 内蒙古自治区

近10年来,内蒙古有四年,即2003年、2004年、2008年、2012年地表水耗水量没有超出"87"分水指标,其余年份均存在不同程度超标用水现象,其中2005年超标率最高,为6.1%,2007年最低,为1.9%,详见图6-4。

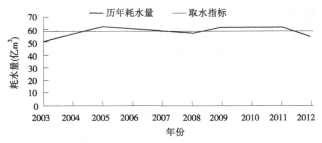

图6-4 内蒙古自治区耗水量历年变化

6.1.2.5 陕西省

陕西省近10年地表水耗水量均未超出"87"分水指标,详见图6-5。

6.1.2.6 山西省

山西省近10年地表水耗水量均未超出"87"分水指标,详见图6-6。

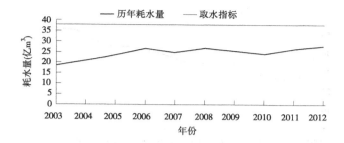

图 6-5　陕西省耗水量历年变化

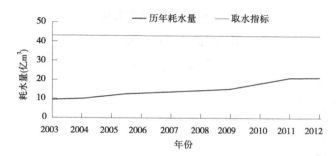

图 6-6　山西省耗水量历年变化

6.1.2.7　河南省

近 10 年中,河南省地表水耗水量均未超出"87"分水指标,详见图 6-7。

6.1.2.8　山东省

近 10 年中,山东省有四年,即 2003 年、2004 年、2005 年和 2008 年地表水耗水量没有超出"87"分水指标,其余年份均存在不同程度超标用水现象,其中 2012 年超标率最高,为 16.6%,详见图 6-8。

6.1.3　黄河流域水资源开发利用存在的问题

(1)水资源总量不足,难以支撑经济社会的可持续发展。

黄河流域多年平均河川天然径流量 534.8 亿 m³,仅占全国河川径流量的 2%,人均年径流量 473 m³,仅为全国人均年径流量的 23%,却

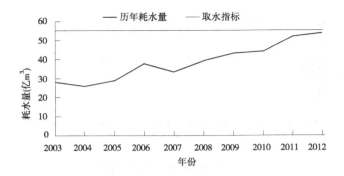

图 6-7　河南省耗水量历年变化

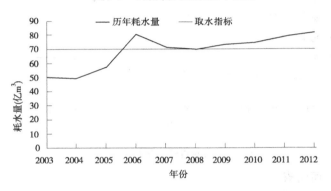

图 6-8　山东省耗水量历年变化

承担着占全国 15% 的耕地面积和 12% 的人口的供水任务,同时有向流域外部分地区远距离调水的任务。黄河又是世界上泥沙最多的河流,有限的水资源还必须承担一般清水河流所没有的输沙任务,使可用于经济社会发展的水量进一步减少。

随着经济社会的发展,黄河流域及相关地区耗水量持续增加,水资源的制约作用已经凸现。不断扩大的供水范围和持续增长的供水要求,使水少沙多的黄河难以承受,黄河流域供水量由 1980 年的 446 亿 m³ 增加到目前的 512 亿 m³(含流域外总供水量)。20 世纪 90 年代,黄河流域多年平均河川天然径流量为 437 亿 m³,利津断面实测水量仅

119 亿 m³,实际消耗径流量已达 318 亿 m³,占天然径流量的 73%,已超过其承载能力。黄河流域经济社会发展面临最大的挑战之一就是水资源紧缺问题。

（2）生态用水被大量挤占,生态环境日趋恶化。

从 20 世纪 70 年代以来,随着黄河流域的经济发展和用水量增加,加上降水偏少等原因引起的水资源量减少,黄河入海水量大幅度减少,河流生态环境用水被挤占。据 1991～2000 年统计,黄河流域多年平均河川天然径流量 437.00 亿 m³,利津断面下泄水量 119.17 亿 m³。按黄河流域多年平均利津断面应下泄水量 220 亿 m³ 并考虑丰增枯减的原则计算,1991～2000 年平均利津断面下泄水量应达到 179.77 亿 m³,黄河流域生态环境用水被挤占 60.60 亿 m³,在多年平均来水情况下,生态环境用水被挤占 26 亿 m³。

（3）纳污量超出水环境承载能力,水污染形势严峻。

黄河流域匮乏的水资源条件决定了极为有限的水体纳污能力,水环境易被人为污染。随着流域经济社会和城市化的快速发展,黄河流域废污水排放量由 20 世纪 80 年代初的 21.7 亿 t 增加到目前的 42.5 亿 t,废污水排放量翻了一番,造成流域内 27% 的河长劣于 V 类水质,将近一半的河长达不到水功能要求。现状年黄河流域 COD 和氨氮纳污能力分别为 73.9 万 t、3.41 万 t,而现状年黄河流域水功能区污染物 COD 和氨氮实际入河量分别为 103.40 万 t、9.80 万 t,污染物实际入河量远远超出了流域水功能区的可承载能力。

流域内工业产业结构不合理,高耗水、重污染和清洁生产水平低下的工业企业在流域广为分布,工业废水超标排放严重;城市生活污水处理率低于全国平均水平;污染物排放集中,局部水域入河污染物严重超过纳污能力;饮用水安全受到威胁。水环境的低承载能力和流域高污染负荷,以及低水平的污染治理手段与控制技术,造成了黄河流域日趋严重的水污染问题,省区间的水污染矛盾日益突出,流域水污染形势十分严峻。

6.2 黄河干流省界水环境状况

6.2.1 近年水质演变情况分析

6.2.1.1 断面选择

选择黄河干流省界断面及重要断面,即大河家、下河沿、石嘴山、麻黄沟、头道拐、河曲、潼关、花园口、高村、利津10个断面作为研究断面,进行水质演变情况分析。断面具体情况及位置见表6-3和图6-9。

表6-3 研究断面具体情况一览

断面名称	距河源距离（km）	东经	北纬	断面位置	水质目标
大河家	1 937	102°43′	35°49′	青海、甘肃交界	Ⅲ
下河沿	2 481	105°03′	37°27′	甘肃、宁夏交界	Ⅲ
石嘴山	2 799	106°47′	39°15′	宁夏石嘴山市	Ⅲ
麻黄沟	2 818			宁夏、内蒙古交界	Ⅲ
头道拐	3 461	111°04′	40°16′	内蒙古出境	Ⅲ
河曲	3 622	111°08′	39°23′	山西、陕西交界	Ⅲ
潼关	4 326	110°18′	34°37′	山西、陕西、河南交界	Ⅲ
花园口	4 696	113°39′	34°55′	河南省郑州市花园口	Ⅲ
高村	4 885	115°05′	35°23′	河南、山东交界	Ⅲ
利津	5 360	118°18′	37°31′	山东省利津县刘家村	Ⅲ

6.2.1.2 现状水质评价

采用2010~2012年三年的逐月水质资料,对各研究断面进行现状水质评价,评价结果为:大河家、下河沿、河曲、花园口、高村、利津6个

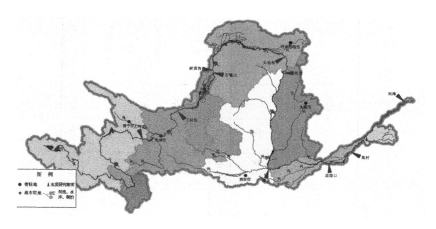

图6-9　水质研究断面位置示意图

断面能够达到水质标准,石嘴山、麻黄沟、头道拐、潼关4个断面不能达标。

　　不达标断面中,宁夏重要断面——石嘴山断面现状水质为Ⅳ类,全年几乎所有的月份水质全部超标,超标因子主要为高锰酸盐指数、COD、氨氮、砷、五日生化需氧量等;宁夏、内蒙古交界处的麻黄沟断面从2011年4月开始监测,2011年、2012年水质均为Ⅳ类,2011年超标月份为除5月、8月外的月份,2012年超标月份为除10月、11月外的月份,超标因子主要为COD和氨氮;内蒙古出境断面头道拐断面2010年水质为Ⅲ类,2011年、2012年水质为Ⅳ类,2010年超标月份为1月、2月、3月、4月,2011年超标月份为除5月、7月、11月外的月份,2012年超标月份为除8月、9月、11月、12月外的月份,超标因子主要为COD和氨氮;山西、陕西、河南三省交界处的潼关断面2010年水质为Ⅴ类,2011年、2012年水质为Ⅳ类,2010年除8月外的月份都超标,2011年除6月、7月外的月份都超标,2012年超标月份为1月、2月、3月、4月、12月,超标因子主要为高锰酸盐指数、COD、氨氮、五日生化需氧量等。

　　评价结果详见表6-4。

表 7-4　黄河流域省界断面氨氮超标补偿方案

COD超标断面	平均超标浓度(mg/L)	超标月份	超标月份径流量(亿m³/年)	补偿标准(元/t)	补偿总金额(亿元)	追责省区							补偿方案(亿元)				
						甘肃取耗水	宁夏取耗水	宁夏排污	内蒙古取水耗水	内蒙古排污	陕西排污	山西排污	甘肃	宁夏	内蒙古	陕西	山西
麻黄沟	0.54	1、2、3、4、5、6、7、8、9	169.34	10 000	0.92	0.61%	0.44%	98.95%					0.01	0.91			
喇嘛湾	0.5	1、2、3	41.04	10 000	0.21	0.14%	0.10%	23.22%	4.88%	71.66%			0.00	0.05	0.16		
潼关	1.1	1、2、3、4、5、11、12	131.30	10 000	1.44	0.02%	0.01%	2.96%	0.63%	9.16%	49.41%	37.81%	0.00	0.04	0.14	0.71	0.55

断面名称	年均水质类别			定类因子			断面水质达标率			超标月份			超标因子		
	2010年	2011年	2012年	2010年	2011年	2012年	2010年	2011年	2012年	2010年	2011年	2012年	2010年	2011年	2012年
头道拐	Ⅲ	Ⅳ	Ⅳ	COD、氨氮、挥发酚	COD	COD	67%	25%	33%	1、2、3、4	除5月、7月、11月以外的其他月份	除8月、9月、11月、12月以外的其他月份	高锰酸盐指数、COD、氨氮、挥发酚、汞	COD、氨氮	COD、氨氮
河曲		Ⅲ	Ⅲ		氨氮	氨氮		67%	83%		1、2、3、4	2、3		氨氮	氨氮
潼关	Ⅴ	Ⅳ	Ⅳ	氨氮	COD、氨氮	氨氮	8%	17%	55%	除8月外的其他月份	除6月、7月外的其他月份	1、2、3、4、12	COD、氨氮、五日生化需氧量	高锰酸盐指数、COD、氨氮、挥发酚、五日生化需氧量	COD、氨氮

续表6-4

断面名称	年均水质类别			定类因子			断面水质达标率			超标月份			超标因子		
	2010年	2011年	2012年	2010年	2011年	2012年	2010年	2011年	2012年	2010年	2011年	2012年	2010年	2011年	2012年
花园口	Ⅲ	Ⅱ	Ⅱ	COD	高锰酸盐指数、氨氮	高锰酸盐指数、氨氮	83%	92%	100%	2、3	4	3	氨氮	氨氮	COD
高村	Ⅲ	Ⅱ	Ⅲ	COD、氨氮	高锰酸盐指数、氨氮	COD	75%	83%	92%	3、4、7	4、5	3	COD、氨氮	氨氮	COD
利津	Ⅲ	Ⅲ	Ⅲ	高锰酸盐指数、氨氮	COD	COD	92%	75%	100%	7	7、10、12	3	五日生化需氧量		COD

6.2.1.3 水质演变趋势分析

以下河沿、石嘴山、头道拐、花园口、利津 5 个断面 2003～2012 年 10 年的逐月水质资料为基础,选择黄河干流主要污染因子 COD、氨氮作为评价因子,对黄河干流近年水质演变情况进行分析。

(1)经分析,黄河干流近 10 年水质整体上趋于好转。其中,下河沿断面 COD 浓度只有 2003 年和 2004 年略超出Ⅲ类水质标准,2004～2012 年 COD 稳定在Ⅲ类水质标准以内;下河沿断面氨氮浓度近 10 年一直稳定在Ⅲ类水质标准,2004 年水质略有恶化,但仍然保持在Ⅲ类水质标准之内,详见图 6-10、图 6-11。

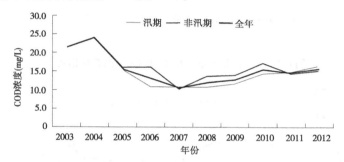

图 6-10　下河沿断面 COD 浓度 10 年内变化情况

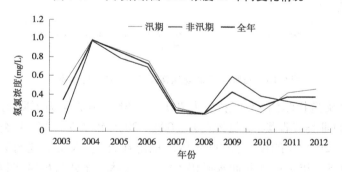

图 6-11　下河沿断面氨氮浓度 10 年内变化情况

(2)石嘴山断面 COD 浓度近 10 年持续下降,从 2003～2005 年的劣Ⅴ类、Ⅴ类到 2006 年以后稳定在Ⅳ类水质标准,虽然仍然超出Ⅲ类水质标准,但水质有明显好转趋势;石嘴山断面氨氮浓度从 2003 年的 V 类下降到 2007 年以后的Ⅳ类,虽然仍旧不能达标,但也呈现明显好转趋势,详见图 6-12、图 6-13。

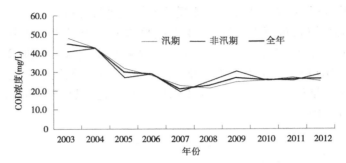

图 6-12　石嘴山断面 COD 浓度 10 年内变化情况

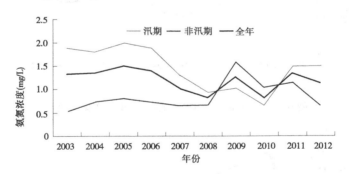

图 6-13　石嘴山断面氨氮浓度 10 年内变化情况

　　(3)头道拐断面 COD 浓度从 2003 年、2004 年的 V 类下降到 2005 年以后的Ⅲ类或Ⅳ类,氨氮浓度从 2003 ～ 2005 年的劣 V 类、V 类下降到 2006 ～ 2008 年的Ⅳ类,2009 年以后稳定在Ⅲ类,水质呈现明显好转趋势,但近 3 年头道拐断面水质仍不能稳定达标,详见图 6-14、图 6-15。

　　(4)花园口断面 COD 浓度从 2003 年的 V 类下降到 2004 年、2005 年的Ⅳ类,2006 ～ 2010 年维持在Ⅲ类,水质能够稳定达标,甚至在 2011 年以后呈现Ⅱ类水质;氨氮浓度从 2003 年的Ⅳ类、V 类到 2004 ～ 2010

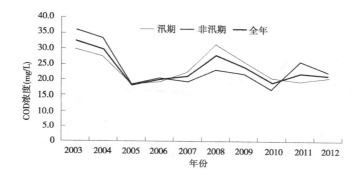

图 6-14　头道拐断面 COD 浓度 10 年内变化情况

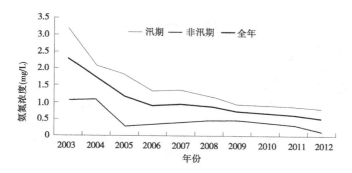

图 6-15　头道拐断面氨氮浓度 10 年内变化情况

年维持在Ⅲ类,2011 年以后,呈现Ⅱ类,水质状况持续好转,详见图 6-16、图 6-17。

(5)利津断面 COD 浓度和氨氮浓度都是从 2003 年的Ⅳ类到 2004 年以后维持在Ⅲ类,水质能够稳定达标,近 10 年水质变化不大,详见图 6-18、图 6-19。

6.2.2　主要污染物沿程变化分析

以下河沿、石嘴山、头道拐、花园口、利津 5 个断面 2003 年、2007 年、2011 年、2012 年年均、汛期和非汛期水质资料为基础,选择黄河干流主要污染因子 COD、氨氮作为评价因子,对黄河干流水质沿程变化

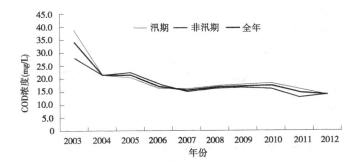

图 6-16　花园口断面 COD 浓度 10 年内变化情况

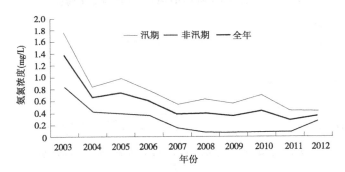

图 6-17　花园口断面氨氮浓度 10 年内变化情况

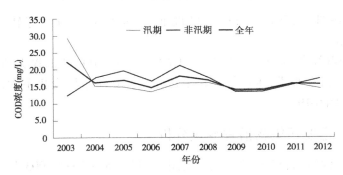

图 6-18　利津断面 COD 浓度 10 年内变化情况

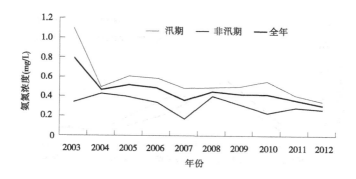

图 6-19 利津断面氨氮浓度 10 年内变化情况

情况进行分析,见图 6-20 ~ 图 6-25。

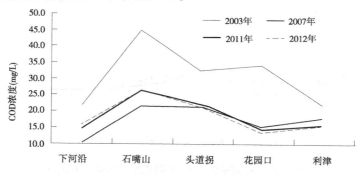

图 6-20 黄河干流 COD 年均浓度沿程变化曲线

黄河从下河沿断面进入宁夏境内时,水质基本上能够稳定达到Ⅲ类水质标准;从石嘴山断面出宁夏进入内蒙古时,水质恶化为Ⅳ类水,基本上全年超标;到达头道拐断面出内蒙古时,水质又有所好转,但仍不能稳定达到Ⅲ类水质标准;到达花园口断面时,水质明显好转,水质基本上稳定在Ⅲ类水以内;至利津断面,水质基本维持在Ⅲ类水质标准,2004 年以后利津断面水质稳定达标。

6.2.3 水污染原因分析

(1)宁夏排污造成石嘴山、麻黄沟断面严重污染。

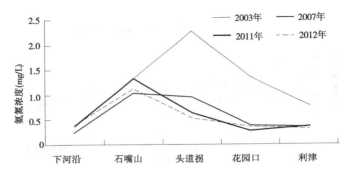

图 6-21　黄河干流氨氮年均浓度沿程变化曲线

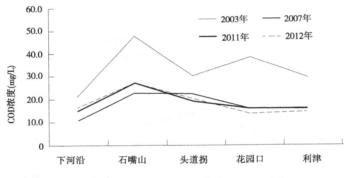

图 6-22　黄河干流 COD 汛期浓度沿程变化曲线

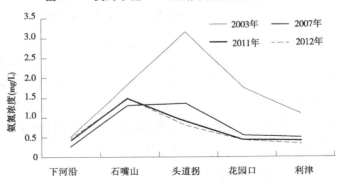

图 6-23　黄河干流氨氮汛期浓度沿程变化曲线

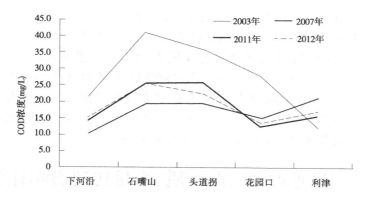

图 6-24 黄河干流 COD 非汛期浓度沿程变化曲线

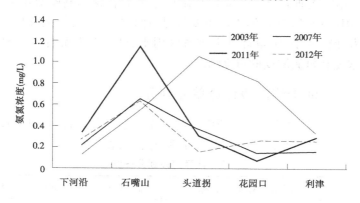

图 6-25 黄河干流氨氮非汛期浓度沿程变化曲线

石嘴山断面来水流经宁夏的中宁、银川、石嘴山等城市,沿途通过中干沟、银新沟、三排、四排等一些排污沟,汇集接纳了这些城市的大部分生活污水、造纸等工业废水以及农药、化肥含量很高的农灌退水,致使黄河石嘴山、麻黄沟断面水质受到很大影响。

(2)内蒙古排污造成头道拐断面严重污染。

头道拐断面来水流经内蒙古的呼和浩特、鄂尔多斯、包头等城市,沿途接纳了这些城市的大部分生活污水,造纸、化工等行业废水以及农药、化肥含量很高的乌梁素海农灌退水,加之上游宁夏来水水质、较差,导致黄河内蒙古出境断面——头道拐断面水质较差。

（3）关中地区向渭河排污造成黄河潼关断面严重污染。

黄河潼关断面位于渭河入黄口下游 1.5 km 处,渭河入黄口水质直接决定和影响着潼关断面水质。渭河流经甘肃、陕西两省,其接纳的废污水 95% 左右来自陕西省,渭河在陕西省流经咸阳、西安、渭南等城镇,沿途接纳了新河、皂河、灞河、沈河等支流沿岸的工矿企业废水和生活污水,对黄河潼关断面水质产生了较大影响。

6.3　黄河省界断面水质、水量传递影响计算

采用本次研究建立的黄河干流水质、水量传递影响模型开展计算,选取 2010 ~ 2012 年黄河干流主要省界断面水质、水文数据,以 COD 和氨氮为计算因子,定量计算上游省区用水、排污对下游省区主要断面 COD 浓度和氨氮浓度的贡献情况。

6.3.1　黄河干流河段计算单元划分

以青海、甘肃两省省界断面大河家作为起始背景断面,山东省利津断面作为终止断面,共划分 12 个计算单元,见表 6-5。

表 6-5　计算河段划分一览

序号	河道计算单元名称	距离（m）	河段水质目标
1	大河家—下河沿	544 000	Ⅱ
2	下河沿—麻黄沟	337 000	Ⅲ
3	麻黄沟—喇嘛湾	684 000	Ⅲ
4	喇嘛湾—河曲	120 000	Ⅲ
5	河曲—吴堡	298 000	Ⅲ
6	吴堡—龙门	277 000	Ⅲ
7	龙门—潼关	129 000	Ⅲ

序号	河道计算单元名称	距离(m)	河段水质目标
8	潼关—三门峡	111 000	III
9	三门峡—小浪底	92 000	III
10	小浪底—花园口	167 000	III
11	花园口—高村	189 000	III
12	高村—利津	475 000	III
	合计	3 423 000	—

6.3.2　计算时段及参数选取

6.3.2.1　计算时段选取

选取 2010~2012 年各年度全年作为计算时段。

6.3.2.2　参数选取

1.污染物综合衰减系数 k

取河道单元枯水低温期、枯水农灌期、丰水高温期特征水质因子 COD 和氨氮降解系数 k 的均值作为全年平均降解系数,见表6-6。

表 6-6　不同河段计算单元污染物降解系数　　（单位:1/d）

序号	河道计算单元名称	COD	氨氮
1	大河家—下河沿	0.23	0.19
2	下河沿—麻黄沟	0.25	0.21
3	麻黄沟—喇嘛湾	0.20	0.17
4	喇嘛湾—河曲	0.18	0.16
5	河曲—吴堡	0.18	0.16
6	吴堡—龙门	0.18	0.17
7	龙门—潼关	0.25	0.22
8	潼关—三门峡	0.29	0.27
9	三门峡—小浪底	0.13	0.12
10	小浪底—花园口	0.23	0.21
11	花园口—高村	0.16	0.14
12	高村—利津	0.16	0.14

2. 河道平均流速 u

统计黄河干流代表水文监测断面 2008 年实测流量、流速资料,建立流量—流速关系曲线,根据河段的设计流量确定相应流速。

图 6-26 ~ 图 6-34 为黄河干流重要水文断面的流量—流速关系曲线,由该曲线可以拟合出式(5-40)中的 a、b 值,从而确定各断面流量与流速的关系式。

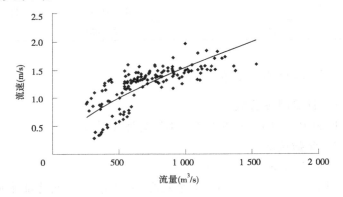

图 6-26　石嘴山流量—流速关系曲线

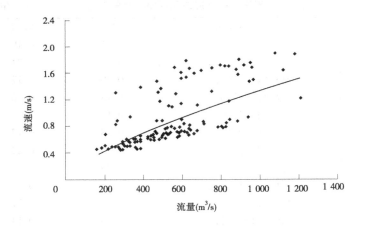

图 6-27　巴彦高勒流量—流速关系曲线

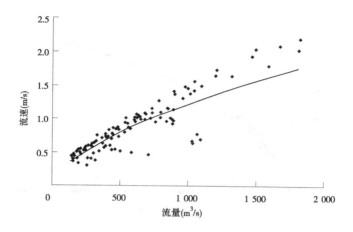

图 6-28　头道拐流量—流速关系曲线

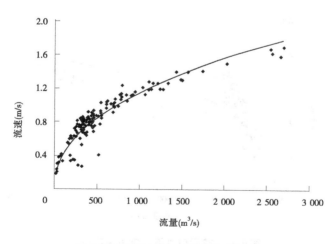

图 6-29　河曲流量—流速关系曲线

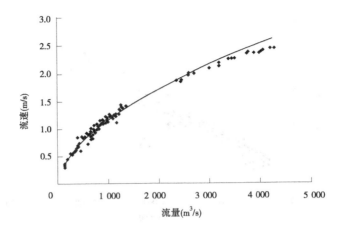

图 6-30　小浪底流量—流速关系曲线

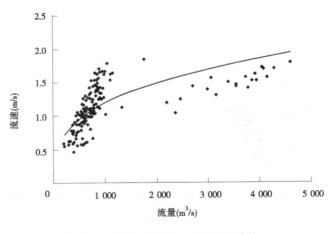

图 6-31　花园口流量—流速关系曲线

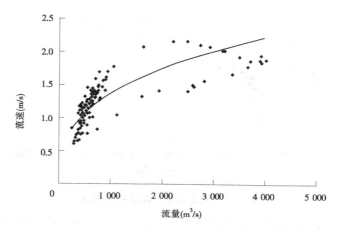

图 6-32　艾山流量—流速关系曲线

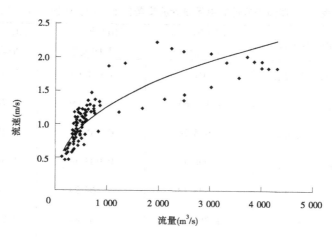

图 6-33　泺口流量—流速关系曲线

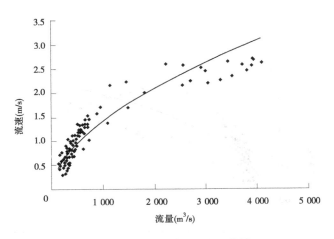

图 6-34　利津流量—流速关系曲线

通过流量与流速经验公式,便可推求得到 2010 年、2011 年、2012 年黄河干流主要水文断面流速值。根据所属河道计算单元水文断面的流速值,确定了 12 个河道计算单元的平均流速,见表 6-7。

表 6-7　黄河干流计算单元设计流量条件下平均流速值 （单位:m/s）

河道计算单元名称	2010 年河段平均流速	2011 年河段平均流速	2012 年河段平均流速
大河家—下河沿	1.701 81	1.620 68	2.636 46
下河沿—麻黄沟	1.191 67	1.104 09	1.748 14
麻黄沟—喇嘛湾	0.975 76	0.885 04	1.497 64
喇嘛湾—河曲	0.998 72	0.903 30	1.362 76
河曲—吴堡	1.343 13	1.164 28	1.742 68
吴堡—龙门	1.767 09	1.561 81	2.225 23
龙门—潼关	1.661 15	1.614 88	1.944 00
潼关—三门峡	1.475 32	1.537 56	1.637 00

河道计算单元名称	2010 年河段平均流速	2011 年河段平均流速	2012 年河段平均流速
三门峡—小浪底	0.100 00	0.100 00	0.100 00
小浪底—花园口	1.367 78	1.339 13	1.536 98
花园口—高村	1.316 38	1.270 23	1.420 83
高村—利津	1.446 08	1.347 60	1.592 43

6.3.3 模型结果分析

6.3.3.1 情景一:浓度传递影响

将 2010~2012 年黄河干流青海、甘肃省界大河家断面水质年度通量与年平均流量的比值作为大河家—下河沿河段的初始浓度 C_0,采用式(5-5)计算河段末端浓度 C_s(下一河段的初始浓度),每个河段依次类推至利津断面。另外,黄河干流左右岸省界河段传递影响以两省排污比例确定。

现以 COD 与氨氮作为代表性的水质指标,计算省界断面 COD 与氨氮传递影响的程度及范围,具体结果见表 6-8~表 6-13。

根据污染物在水体中的输移转化规律,河道中 COD、氨氮等污染物浓度,其水环境影响具有一定的范围,并且下游区域受到影响的程度也有差异,浓度总体沿程呈指数衰减的趋势(见图 6-35~图 6-40)。从 2010~2012 年 3 年黄河干流 COD、氨氮传递的范围来看,上游省区污染物可能对邻省区的下游甚至及其以下省区水质都会产生影响,并且污染物浓度越高,影响的范围越大。例如,2010 年大河家断面作为出青海省的省界断面,COD 浓度为 7.08 mg/L,传递到下河沿断面为 3.02 mg/L,至麻黄沟断面为 1.33 mg/L,至喇嘛湾断面为 0.26 mg/L,最终可影响到高村断面,但其值已衰减至 0.01 mg/L。同样,2010 年大河家断面氨氮浓度为 0.18 mg/L,传递到下河沿断面为 0.09 mg/L,至麻黄沟断面为 0.05 mg/L,至喇嘛湾断面为 0.01 mg/L。

表 6-8 2010 年黄河干流省界断面 COD 浓度传递影响

(单位:mg/L)

断面	青海:（大河家入流）	甘肃:（大河家—下河沿）	宁夏:（下河沿—麻黄沟）	内蒙古:（麻黄沟—喇嘛湾）	陕西:（河曲—潼关）	山西:（河曲—潼关）	山西:（潼关—小浪底）	河南:（潼关—小浪底）	河南:（小浪底—高村）	山东:（高村—利津）	年均合计
大河家	7.08										7.08
下河沿	3.02	12.53									15.55
麻黄沟	1.33	5.53	18.80								25.66
喇嘛湾	0.26	1.09	3.71	15.04							20.10
河曲	0.20	0.83	2.81	11.38							
吴堡	0.12	0.49	1.68	6.81							
龙门	0.09	0.36	1.21	4.91							
潼关	0.07	0.28	0.97	3.93	11.40	6.67					23.32
三门峡	0.05	0.22	0.75	3.05	8.86	5.18					
小浪底	0.01	0.06	0.19	0.76	2.22	1.30	5.49	5.49			15.52
花园口	0.01	0.04	0.14	0.55	1.60	0.94	3.96	3.96			
高村	0.01	0.03	0.10	0.42	1.23	0.72	3.04	3.04	6.69		15.28
利津	0.00	0.02	0.06	0.23	0.67	0.39	1.65	1.65	3.64	5.59	13.90

表6-9　2011年黄河干流省界断面COD浓度传递影响

（单位：mg/L）

断面	青海:（大河家入流）	甘肃:（大河家—下河沿）	宁夏:（下河沿—麻黄沟）	内蒙古:（麻黄沟—喇嘛湾）	陕西:（河曲—潼关）	山西:（河曲—潼关）	山西:（潼关—小浪底）	河南:（潼关—小浪底）	河南:（小浪底—高村）	山东:（高村—利津）	年均合计
大河家	7.68										7.68
下河沿	3.14	11.59									14.73
麻黄沟	1.30	4.79	20.33								26.42
喇嘛湾	0.22	0.80	3.40	16.28							20.70
河曲	0.16	0.59	2.50	11.97							
吴堡	0.09	0.33	1.38	6.62							
龙门	0.06	0.22	0.95	4.58							
潼关	0.05	0.18	0.76	3.63	10.03	5.87					20.52
三门峡	0.04	0.14	0.59	2.85	7.87	4.61					
小浪底	0.01	0.04	0.15	0.71	1.97	1.15	5.53	5.53			15.09
花园口	0.01	0.03	0.11	0.51	1.42	0.83	3.97	3.97			
高村	0.01	0.02	0.08	0.39	1.07	0.63	3.01	3.01	6.51		14.73
利津	0.00	0.01	0.04	0.20	0.56	0.33	1.57	1.57	3.39	8.03	15.70

表6-10　2012年黄河干流省界断面COD浓度传递影响

（单位：mg/L）

断面	青海（大河家入流）	甘肃（大河家—下河沿）	宁夏（下河沿—麻黄沟）	内蒙古（麻黄沟—喇嘛湾）	陕西（河曲—潼关）	山西（河曲—潼关）	山西（潼关—小浪底）	河南（潼关—小浪底）	河南（小浪底—高村）	山东（高村—利津）	年均合计
大河家	7.48										7.48
下河沿	4.32	11.53									15.85
麻黄沟	2.47	6.60	17.73								26.80
喇嘛湾	0.86	2.29	6.16	12.69							22.00
河曲	0.70	1.87	5.02	10.35							
吴堡	0.47	1.26	3.38	6.97							
龙门	0.36	0.97	2.61	5.37							
潼关	0.30	0.80	2.15	4.44	5.63	3.30					16.62
三门峡	0.24	0.64	1.71	3.53	4.49	2.63					
小浪底	0.06	0.16	0.43	0.89	1.12	0.66	4.89	4.89			13.10
花园口	0.04	0.12	0.32	0.66	0.84	0.49	3.66	3.66			
高村	0.04	0.09	0.25	0.52	0.66	0.39	2.86	2.86	8.33		16.00
利津	0.02	0.05	0.14	0.30	0.38	0.22	1.65	1.65	4.80	6.39	15.60

表6-11 2010年黄河干流省界断面氨氮浓度传递影响

（单位：mg/L）

断面	青海：（大河家入流）	甘肃：（大河家－下河沿）	宁夏：（下河沿－麻黄沟）	内蒙古：（麻黄沟－喇嘛湾）	陕西：（河曲－潼关）	山西：（河曲－潼关）	山西：（潼关－小浪底）	河南：（潼关－小浪底）	河南：（小浪底－高村）	山东：（高村－利津）	年均合计
大河家	0.18										0.18
下河沿	0.09	0.20									0.29
麻黄沟	0.05	0.10	0.66								0.81
喇嘛湾	0.01	0.03	0.17	0.60							0.81
河曲	0.01	0.02	0.13	0.48							
昊堡	0.01	0.01	0.09	0.32							
龙门	0.00	0.01	0.06	0.23							
潼关	0.00	0.01	0.05	0.19	0.75	0.57					1.57
三门峡	0.00	0.01	0.04	0.15	0.59	0.45					
小浪底	0.00	0.00	0.01	0.04	0.17	0.13	0.08	0.08			0.51
花园口	0.00	0.00	0.01	0.03	0.13	0.10	0.06	0.06			
高村	0.00	0.00	0.01	0.03	0.10	0.08	0.05	0.05	0.34		0.66
利津	0.00	0.00	0.00	0.01	0.06	0.04	0.03	0.03	0.19	0.05	0.41

表6-12 2011年黄河干流省界断面氨氮浓度传递影响

（单位：mg/L）

断面	青海:（大河家—入流）	甘肃:（大河家—下河沿）	宁夏:（下河沿—麻黄沟）	内蒙古:（麻黄沟—喇嘛湾）	陕西:（河曲—潼关）	山西:（河曲—潼关）	山西:（潼关—小浪底）	河南:（潼关—小浪底）	河南:（小浪底—高村）	山东:（高村—利津）	年均合计
大河家	0.13										0.13
下河沿	0.06	0.33									0.39
麻黄沟	0.03	0.16	1.15								1.34
喇嘛湾	0.01	0.03	0.25	0.31							0.60
河曲	0.01	0.03	0.20	0.24							
吴堡	0.00	0.02	0.12	0.15							
龙门	0.00	0.01	0.09	0.11							
潼关	0.00	0.01	0.07	0.09	0.69	0.53					1.39
三门峡	0.00	0.01	0.06	0.07	0.55	0.42					
小浪底	0.00	0.00	0.02	0.02	0.16	0.12	0.00	0.00			0.32
花园口	0.00	0.00	0.01	0.01	0.12	0.09	0.00	0.00			
高村	0.00	0.00	0.01	0.01	0.09	0.07	0.00	0.00	0.30		0.48
利津	0.00	0.00	0.01	0.01	0.05	0.04	0.00	0.00	0.17	0.09	0.37

表6-13　2012年黄河干流省界断面氨氮浓度传递影响

（单位：mg/L）

断面	青海：（大河家入流）	甘肃：（大河家—下河沿）	宁夏：（下河沿—麻黄沟）	内蒙古：（麻黄沟—喇嘛湾）	陕西：（河曲—潼关）	山西：（河曲—潼关）	山西：（潼关—小浪底）	河南：（潼关—小浪底）	河南：（小浪底—高村）	山东：（高村—利津）	年均合计
大河家	0.20										0.20
下河沿	0.13	0.25									0.38
麻黄沟	0.08	0.16	0.89								1.13
喇嘛湾	0.03	0.06	0.36	0.04							0.49
河曲	0.03	0.05	0.31	0.04							
吴堡	0.02	0.04	0.22	0.03							
龙门	0.02	0.03	0.18	0.02							
潼关	0.01	0.03	0.15	0.02	0.49	0.37					1.07
三门峡	0.01	0.02	0.12	0.01	0.40	0.30					
小浪底	0.00	0.01	0.03	0.00	0.11	0.09	0.07	0.08			0.39
花园口	0.00	0.00	0.03	0.00	0.09	0.07	0.06	0.06			
高村	0.00	0.00	0.02	0.00	0.07	0.05	0.04	0.05	0.20		0.43
利津	0.00	0.00	0.01	0.00	0.04	0.03	0.03	0.03	0.12	0.04	0.30

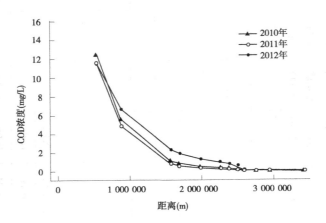

图 6-35　下河沿断面 COD 浓度沿程传递过程

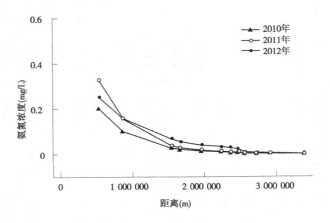

图 6-36　下河沿断面氨氮浓度沿程传递过程

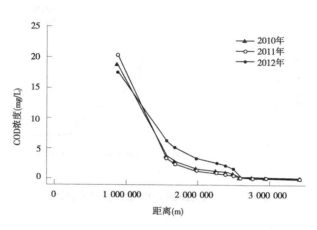

图 6-37　麻黄沟断面 COD 浓度沿程传递过程

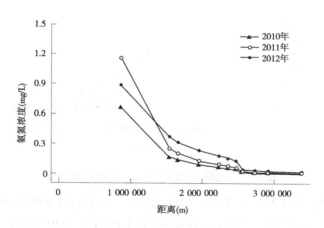

图 6-38　麻黄沟断面氨氮浓度沿程传递过程

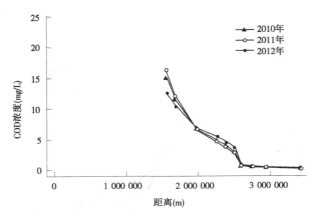

图 6-39 喇嘛湾断面 COD 浓度沿程传递过程

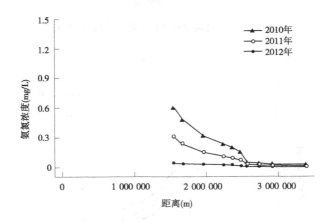

图 6-40 喇嘛湾断面氨氮浓度沿程传递过程

因此,下游省区河段中污染物浓度应包括上游污染物传递的浓度。本次计算下游省界浓度时,均扣除所有上游省区 COD、氨氮浓度传至下游省界断面的数值。采用模型计算得到污染物浓度传递数据后,可区分各省区对省界断面浓度贡献率,具体统计见表 6-14 ~ 表 6-16。

表6-14　2010年黄河干流各省区对省界断面浓度贡献率　　　（%）

省界断面	青海		甘肃		宁夏		内蒙古		陕西		山西		河南		山东	
	COD	氨氮	COD	氨氮	COD	氨氮	COD	氨氮	COD	氨氮	COD	氨氮	COD	氨氮	COD	氨氮
大河家	100	100														
下河沿	19	31	81	69												
麻黄沟	5	6	22	13	73	81										
喇嘛湾	1	1	5	3	18	21	76	75								
潼关	0	0	1	1	4	3	17	12	49	47	29	37				
小浪底	0	0	0	0	1	2	5	8	14	33	44	40	36	17		
高村	0	0	0	0	1	1	3	4	8	16	25	19	63	60		
利津	0	0	0	0	0	1	2	4	5	14	15	17	38	52	40	12

表6-15　2011年黄河干流各省区对省界断面浓度贡献率　　　（%）

省界断面	青海		甘肃		宁夏		内蒙古		陕西		山西		河南		山东	
	COD	氨氮	COD	氨氮	COD	氨氮	COD	氨氮	COD	氨氮	COD	氨氮	COD	氨氮	COD	氨氮
大河家	100	100														
下河沿	21	16	79	84												
麻黄沟	5	2	18	12	77	86										
喇嘛湾	1	1	4	6	16	42	79	51								
潼关	0	0	1	1	4	5	18	6	49	50	28	38				
小浪底	0	0	0	0	1	5	5	5	13	51	44	39	37	0		
高村	0	0	0	0	1	2	3	2	7	19	24	16	65	61		
利津	0	0	0	0	0	1	1	2	4	14	12	11	32	46	51	26

表 6-16　2012 年黄河干流各省区对省界断面浓度贡献率　（%）

省界断面	青海		甘肃		宁夏		内蒙古		陕西		山西		河南		山东	
	COD	氨氮	COD	氨氮	COD	氨氮	COD	氨氮	COD	氨氮	COD	氨氮	COD	氨氮	COD	氨氮
大河家	100	100														
下河沿	27	33	73	67												
麻黄沟	9	7	25	14	66	79										
喇嘛湾	4	6	10	13	28	72	58	9								
潼关	2	1	5	2	13	14	27	2	34	46	19	35				
小浪底	0	1	1	2	3	9	7	1	9	29	43	38	37	20		
高村	0	0	1	1	2	5	3	1	4	16	20	21	70	56		
利津	0	0	0	1	1	4	2	0	1	14	12	21	42	49	41	11

6.3.3.2　情景二:仅考虑取耗水、排污引起的超标浓度传递影响（污染责任划分）

根据《黄河流域（片）重要水功能区水质达标评价技术细则》,水质达标评价原则上采用频次达标评价方法,达标率大于或等于 80% 的水功能区为达标水功能区。对于年度监测次数低于 6 次的,可按照年均值方法进行水功能区水质达标评价,年度评价类别等于或优于水功能区水质目标类别的水功能区为达标水功能区。目前,黄河干流省界断面的水质监测频次基本达到每月 1 次,因此每年的监测频次为 12 次。根据要求,本书把大于或等于 3 个月水质不达标的省界断面视为全年超标断面,未达标月份通量除以流量得到的浓度超标值作为全年浓度超标值。2010~2012 年黄河干流省界断面 COD、氨氮浓度超标统计见图 6-41~图 6-43。

超标取耗水引起水质浓度的增加采用式（5-12）计算,2010~2012年黄河流域各省区（不含四川）超标耗水的 COD、氨氮浓度增加值如图 6-44~图 6-46 所示。

水污染损失是省级行政区耗水、排污超标造成的,当达标时对下游省区水质也会有一定影响,但污染损失量相对较小,而且根据水功能区

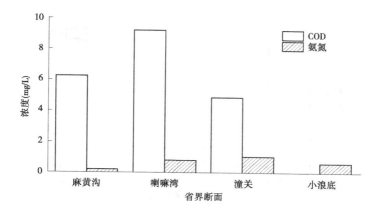

图 6-41   2010 年黄河干流省界水质超标断面及浓度

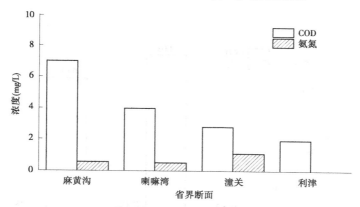

图 6-42   2011 年黄河干流省界水质超标断面及浓度

的相关管理规定,水功能区下断面污染物浓度符合水质目标即视为合格。因此,在模型计算时,假定省界入境断面污染物达标时,不追究上游省区排污的责任,上游达标省区的初始浓度 C_0 设为 0;某省区达标取耗水,不追究此省区取耗水对下游水质的影响,取耗水达标省区对水质影响的初始浓度 C_0 设为 0。按照"谁污染,谁赔偿"的原则,仅以超标取耗水、排污引起的浓度变化作为变量,代入式(5-10)进行计算。另外,黄河干流左右岸省界河段传递影响以两省排污比例确定。

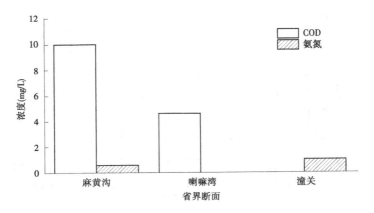

图 6-43　2012 年黄河干流省界水质超标断面及浓度

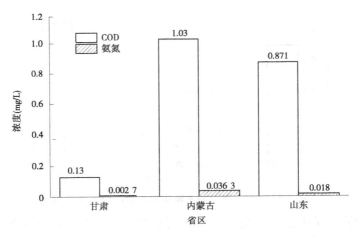

图 6-44　2010 年黄河干流超标取耗水省区及浓度增加值

　　采用模型计算将取耗水与排污超标量引起浓度的变化作为变量,因此同时考虑了取耗水与排污对河道浓度的影响,现区分 2010～2012年未达标省界断面污染责任,选用 COD 与氨氮作为水质因子进行计算,结果见表 6-17～表 6-22。

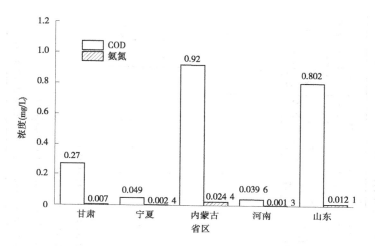

图 6-45　2011 年黄河干流超标取耗水省区及浓度增加值

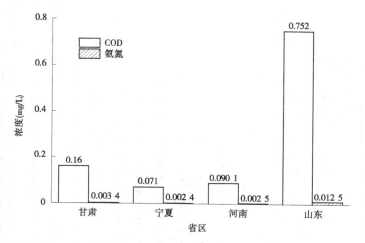

图 6-46　2012 年黄河干流超标取耗水省区及浓度增加值

（1）2010～2012 年黄河干流省界断面 COD 浓度超标涉及省区污染贡献。

表 6-17 2010 年黄河干流各省（区）取耗水、排污对省界断面 COD 浓度超标的传递影响

（单位：mg/L）

省界断面	青海（大河家入流）		甘肃（大河家—下河沿）		宁夏（下河沿—麻黄沟）		内蒙古（麻黄沟—喇嘛湾）		陕西（河曲—潼关）		山西（河曲—潼关）		山西（潼关—小浪底）		河南（潼关—小浪底）		河南（小浪底—高村）		山东（高村—利津）		省界断面超标
	取耗水	排污	取耗水	排污	取耗水	排污	取耗水	排污	取耗水	排污	取耗水	排污	取耗水	排污	取耗水	排污	取耗水	排污	取耗水	排污	
大河家	0.00	0.00																			
下河沿	0.00	0.00	0.13	0.00																	
麻黄沟※	0.00	0.00	0.06	0.00	0.00	6.19															6.25
喇嘛湾※	0.00	0.00	0.01	0.00	0.00	1.22	1.03	6.94													9.2
河曲	0.00	0.00	0.01	0.00	0.00	0.93	0.78	5.25													
吴堡	0.00	0.00	0.01	0.00	0.00	0.55	0.47	3.14													
龙门	0.00	0.00	0.00	0.00	0.00	0.40	0.34	2.27													
潼关※	0.00	0.00	0.00	0.00	0.00	0.32	0.27	1.81	0.00	1.56	0.00	0.91									4.87
三门峡	0.00	0.00	0.00	0.00	0.00	0.25	0.21	1.41	0.00	1.21	0.00	0.71									
小浪底	0.00	0.00	0.00	0.00	0.00	0.06	0.05	0.35	0.00	0.30	0.00	0.18	0.00	0.00	0.00	0.00					
花园口	0.00	0.00	0.00	0.00	0.00	0.04	0.04	0.25	0.00	0.22	0.00	0.13	0.00	0.00	0.00	0.00					
高村	0.00	0.00	0.00	0.00	0.00	0.03	0.03	0.20	0.00	0.17	0.00	0.10	0.00	0.00	0.00	0.00	0.00	0.00			
利津	0.00	0.00	0.00	0.00	0.00	0.02	0.02	0.11	0.00	0.09	0.00	0.05	0.00	0.00	0.00	0.00	0.00	0.00	0.87	0.00	

注：※为浓度超标断面标识。

表 6-18 2010 年黄河干流各省（区）取耗水、排污对省界断面氨氮浓度超标的传递影响

(单位：mg/L)

省界断面	青海（大河家入流）		甘肃（大河家—下河沿）		宁夏（下河沿—麻黄沟）		内蒙古（麻黄沟—喇嘛湾）		陕西（河曲—潼关）		山西（河曲—潼关）		山西（潼关—小浪底）		河南（潼关—小浪底）		河南（小浪底—高村）		山东（高村—利津）		省界断面超标
	取耗水	排污	取耗水	排污	取耗水	排污	取耗水	排污	取耗水	排污	取耗水	排污	取耗水	排污	取耗水	排污	取耗水	排污	取耗水	排污	
大河家	0.000 0	0.000 0																			
下河沿	0.000 0	0.000 0	0.000 0	0.002 7																	
麻黄沟※	0.000 0	0.000 0	0.000 0	0.001 4	0.000 0	0.178 6															0.18
喇嘛湾※	0.000 0	0.000 0	0.000 0	0.000 3	0.000 0	0.044 7	0.000 0	0.718 6													0.80
河曲	0.000 0	0.000 0	0.000 0	0.000 3	0.000 0	0.036 3	0.000 0	0.575 3													
吴堡	0.000 0	0.000 0	0.000 0	0.000 2	0.000 0	0.023 7	0.000 0	0.381 4													
龙门	0.000 0	0.000 0	0.000 0	0.000 1	0.000 0	0.017 4	0.000 0	0.280 2				0.339 5									
潼关※	0.000 0	0.000 0	0.000 0	0.000 1	0.000 0	0.014 4	0.000 0	0.230 6	0.000 0	0.443 7		0.267 6									1.04
三门峡	0.000 0	0.000 0	0.000 0	0.000 1	0.000 0	0.011 3	0.000 0	0.181 8	0.000 0	0.349 6											
小浪底※	0.000 0	0.000 0	0.000 0	0.000 1	0.000 0	0.009 3	0.000 0	0.052 5	0.000 0	0.101 0	0.000 0	0.077	0.000 0	0.170	0.000 0	0.183 4					0.59
花园口	0.000 0	0.000 0	0.000 0	0.000 1	0.000 0	0.002 4	0.000 0	0.039	0.000 0	0.075	0.000 0	0.057	0.000 0	0.126	0.000 0	0.136 3					
高村	0.000 0	0.000 0	0.000 0	0.000 1	0.000 0	0.001 9	0.000 0	0.059 1	0.000 0	0.099	0.000 0	0.045	0.000 0	0.107	0.000 0	0.040 0	0.000 0	0.018			
利津	0.000 0	0.000 0	0.000 0	0.000 1	0.000 0	0.001 1	0.000 0	0.034 3	0.000 0	0.026	0.000 0	0.057	0.000 0	0.020	0.000 0	0.030 0	0.000 0	0.018	0.000 0	0.000 0	

注：※为浓度超标断面标识。

· 129 ·

表6-19　2011年黄河干流各省（区）取耗水、排污对省界断面COD浓度超标的传递影响

（单位：mg/L）

省界断面	青海（大河家入流）		甘肃（大河家—下河沿）		宁夏（下河沿—喇黄沟）		内蒙古（喇黄沟—喇嘛湾）		陕西（河曲—潼关）		山西（河曲—潼关）		山西（潼关—小浪底）		河南（潼关—小浪底）		河南（小浪底—高村）		山东（高村—利津）		省界断面超标
	取耗水	排污	取耗水	排污	取耗水	排污	取耗水	排污	取耗水	排污	取耗水	排污	取耗水	排污	取耗水	排污	取耗水	排污	取耗水	排污	
大河家	0.00	0.00																			
下河沿	0.00	0.00	0.27	0.00																	7.03
喇黄沟※	0.00	0.00	0.11	0.00	0.05	6.87															
喇嘛湾※	0.00	0.00	0.02	0.00	0.01	1.15	0.92	1.91													4.01
河曲	0.00	0.00	0.01	0.00	0.01	0.84	0.67	1.40													
吴堡	0.00	0.00	0.01	0.00	0.00	0.47	0.37	0.78													
龙门	0.00	0.00	0.01	0.00	0.00	0.32	0.26	0.54													
潼关※	0.00	0.00	0.00	0.00	0.00	0.26	0.20	0.43	0.00	1.22	0.00	0.71									2.82
三门峡	0.00	0.00	0.00	0.00	0.00	0.20	0.16	0.33	0.00	0.95	0.00	0.56									
小浪底	0.00	0.00	0.00	0.00	0.00	0.05	0.04	0.08	0.00	0.24	0.00	0.14	0.00	0.00	0.00	0.00					
花园口	0.00	0.00	0.00	0.00	0.00	0.04	0.03	0.06	0.00	0.17	0.00	0.10	0.00	0.00	0.00	0.00					
高村	0.00	0.00	0.00	0.00	0.00	0.03	0.02	0.05	0.00	0.13	0.00	0.08	0.00	0.00	0.00	0.00	0.04	0.00			
利津※	0.00	0.00	0.00	0.00	0.00	0.01	0.01	0.02	0.00	0.07	0.00	0.04	0.00	0.00	0.00	0.00	0.02	0.00	0.80	0.92	1.89

注：※为浓度超标断面标识。

表6-20 2011年黄河干流各省（区）取耗水、排污对省界断面氨氮浓度超标的传递影响

（单位：mg/L）

省界断面	青海（大河家入流） 取耗水	青海 排污	甘肃（大河家—下河沿） 取耗水	甘肃 排污	宁夏（下河沿—麻黄沟） 取耗水	宁夏 排污	内蒙古（麻黄沟—喇嘛湾） 取耗水	内蒙古 排污	陕西（河曲—潼关） 取耗水	陕西 排污	山西（河曲—潼关） 取耗水	山西 排污	山西（潼关—小浪底） 取耗水	山西 排污	河南（潼关—小浪底） 取耗水	河南 排污	河南（小浪底—高村） 取耗水	河南 排污	山东（高村—利津） 取耗水	山东 排污	省界断面超标
大河家	0.000 0																				
下河沿	0.000 0	0.000 0	0.006 8	0.000 0																	
麻黄沟※	0.000 0	0.000 0	0.003 3	0.000 0	0.002 4	0.534 3															0.54
喇嘛湾※	0.000 0	0.000 0	0.000 0	0.000 0	0.000 0	0.116 1	0.024 4	0.358 3													0.50
河曲	0.000 0	0.000 0	0.000 0	0.000 0	0.000 0	0.090 8	0.019 1	0.280 1													
吴堡	0.000 0	0.000 0	0.000 0	0.000 0	0.000 0	0.056 5	0.011 9	0.174 4													
龙门	0.000 0	0.000 0	0.000 0	0.000 0	0.000 0	0.039 9	0.008 4	0.123 0	0.000 0	0.543 5	0.000 0	0.415 9									
潼关※	0.000 0	0.000 0	0.000 0	0.000 0	0.000 0	0.032 6	0.006 9	0.100 7	0.000 0	0.432 6	0.000 0	0.331 0									1.10
三门峡	0.000 0	0.000 0	0.000 0	0.000 0	0.000 0	0.026 0	0.001 6	0.080 1	0.000 0	0.124 9	0.000 0	0.095 0									
小浪底	0.000 0	0.000 0	0.000 0	0.000 0	0.000 0	0.023 1	0.001 6	0.080 1	0.000 0	0.124 9	0.000 0	0.095 0	0.000 0	0.000 0	0.000 0	0.000 0					
花园口	0.000 0	0.000 0	0.000 0	0.000 0	0.000 0	0.017 2	0.001 2	0.092 2	0.000 0	0.092 2	0.000 0	0.070 0	0.000 0	0.000 0	0.000 0	0.013 0					
高村	0.000 0	0.000 0	0.000 0	0.000 0	0.000 0	0.013 3	0.001 0	0.072 1	0.000 0	0.072 1	0.000 0	0.055 0	0.000 0	0.000 1	0.000 0	0.001 3					
利津	0.000 0	0.000 0	0.000 0	0.000 0	0.000 0	0.007 4	0.000 7	0.040 4	0.000 0	0.040 4	0.000 0	0.030 0	0.000 0	0.000 0	0.000 0	0.001 7	0.000 0	0.012 1	0.000 0	0.000 0	

注：※为浓度超标断面标识。

表6-21　2012年黄河干流各省（区）取耗水、排污对省界断面COD浓度超标的传递影响

（单位：mg/L）

省界断面	青海（大河家入流）		甘肃（大河家—下河沿）		宁夏（下河沿—喇嘛沟）		内蒙古（喇嘛沟—喇嘛湾）		陕西（河曲—潼关）		山西（河曲—潼关）		山西（潼关—小浪底）		河南（潼关—小浪底）		河南（小浪底—高村）		山东（高村—利津）		省界断面超标
	取耗水	排污	取耗水	排污	取耗水	排污	取耗水	排污	取耗水	排污	取耗水	排污	取耗水	排污	取耗水	排污	取耗水	排污	取耗水	排污	
大河家	0.00	0.00																			
下河沿	0.00	0.00	0.16	0.00																	
喇嘛沟※	0.00	0.00	0.09	0.00	0.07	9.85															10.01
喇嘛湾※	0.00	0.00	0.03	0.00	0.02	3.42	0.00	1.12													4.59
河曲	0.00	0.00	0.03	0.00	0.02	2.79	0.00	0.92													
吴堡	0.00	0.00	0.02	0.00	0.01	1.88	0.00	0.62													
龙门	0.00	0.00	0.01	0.00	0.01	1.45	0.00	0.48													
潼关	0.00	0.00	0.01	0.00	0.01	1.20	0.00	0.39	0.00	0.00	0.00	0.00									
三门峡	0.00	0.00	0.01	0.00	0.01	0.95	0.00	0.31	0.00	0.00	0.00	0.00									
小浪底	0.00	0.00	0.00	0.00	0.00	0.24	0.00	0.08	0.00	0.00	0.00	0.00	0.00	0.00	0.00	0.00					
花园口	0.00	0.00	0.00	0.00	0.00	0.18	0.00	0.06	0.00	0.00	0.00	0.00	0.00	0.00	0.00	0.00					
高村	0.00	0.00	0.00	0.00	0.00	0.14	0.00	0.05	0.00	0.00	0.00	0.00	0.00	0.00	0.00	0.00	0.09	0.00			
利津	0.00	0.00	0.00	0.00	0.00	0.08	0.00	0.03	0.00	0.00	0.00	0.00	0.00	0.00	0.00	0.00	0.05	0.00	0.75	0.00	

注：※为浓度超标断面标识。

表6-22 2012年黄河干流各省（区）取耗水、排污对省界断面氨氮浓度超标的传递影响

（单位：mg/L）

省界断面	青海（大河家—入流）		甘肃（大河家—下河沿）		宁夏（下河沿—麻黄沟）		内蒙古（麻黄沟—喇嘛湾）		陕西（河曲—潼关）		山西（河曲—潼关）		山西（潼关—小浪底）		河南（潼关—小浪底）		河南（小浪底—高村）		山东（高村—利津）		省界断面超标
	取耗水	排污	取耗水	排污	取耗水	排污	取耗水	排污	取耗水	排污	取耗水	排污	取耗水	排污	取耗水	排污	取耗水	排污	取耗水	排污	
大河家	0.000 0	0.000 0																			
下河沿	0.000 0	0.000 0	0.003 4	0.000 0																	0.56
麻黄沟	0.000 0	0.000 0	0.002 1	0.000 0	0.002 4	0.555 5															
喇嘛湾	0.000 0	0.000 0	0.000 9	0.000 0	0.001 0	0.225 3	0.000 0	0.000 0													
河曲	0.000 0	0.000 0	0.000 7	0.000 0	0.000 8	0.191 4	0.000 0	0.000 0													
吴堡	0.000 0	0.000 0	0.000 5	0.000 0	0.000 6	0.139 5	0.000 0	0.000 0													
龙门	0.000 0	0.000 0	0.000 4	0.000 0	0.000 5	0.109 2	0.000 0	0.000 0													
潼关※	0.000 0	0.000 0	0.000 4	0.000 0	0.000 4	0.092 4	0.000 0	0.000 0	0.000 0	0.508 0	0.000 0	0.388 8									0.99
三门峡	0.000 0	0.000 0	0.000 3	0.000 0	0.000 3	0.074 6	0.000 0	0.000 0	0.000 0	0.410 0	0.000 0	0.313 7									
小浪底	0.000 0	0.000 0	0.000 1	0.000 0	0.000 1	0.021 5	0.000 0	0.000 0	0.000 0	0.118 4	0.000 0	0.090 6	0.000 0	0.000 0	0.000 0	0.000 0					
花园口	0.000 0	0.000 0	0.000 1	0.000 0	0.000 1	0.016 5	0.000 0	0.000 0	0.000 0	0.090 0	0.000 0	0.069 6	0.000 0	0.000 0	0.000 0	0.000 0					
高村	0.000 0	0.000 0	0.000 1	0.000 0	0.000 1	0.013 3	0.000 0	0.000 0	0.000 0	0.072 9	0.000 0	0.055 8	0.000 0	0.000 0	0.000 0	0.000 0	0.002 5	0.000 0			
利津	0.000 0	0.000 0	0.000 1	0.000 0	0.000 1	0.008 1	0.000 0	0.000 0	0.000 0	0.044 0	0.000 0	0.034 0	0.000 0	0.000 0	0.000 0	0.000 0	0.001 5	0.000 0	0.012 5	0.000 0	

注：※为浓度超标断面标识。

①2010年黄河干流COD浓度超标的省界断面为麻黄沟、喇嘛湾、潼关3个。模型计算结果表明,麻黄沟断面COD浓度超标6.25 mg/L,是由于上游甘肃超标取耗水、宁夏超标排污造成的,分别引起麻黄沟断面COD浓度超标0.06 mg/L、6.19 mg/L;喇嘛湾断面COD浓度超标9.2 mg/L,甘肃取耗水、宁夏排污、内蒙古取耗水、内蒙古排污分别引起该断面COD浓度超标0.01 mg/L、1.22 mg/L、1.03 mg/L、6.94 mg/L;潼关断面COD浓度超标4.87 mg/L,宁夏排污、内蒙古取耗水、内蒙古排污、陕西排污、山西排污分别引起该断面COD浓度超标0.32 mg/L、0.27 mg/L、1.81 mg/L、1.56 mg/L、0.91 mg/L,具体统计结果见表6-23。

表6-23　2010年省界断面浓度超标涉及省区浓度贡献(COD)

(单位:mg/L)

省界断面	超标浓度	涉及上游省区浓度贡献				
麻黄沟	6.25	甘肃取耗水	宁夏排污			
		0.06 (0.96%)	6.19 (99.04%)			
喇嘛湾	9.2	甘肃取耗水	宁夏排污	内蒙古取耗水	内蒙古排污	
		0.01 (0.11%)	1.22 (13.26%)	1.03 (11.2%)	6.94 (75.43%)	
潼关	4.87	宁夏排污	内蒙古取耗水	内蒙古排污	陕西排污	山西排污
		0.32 (6.57%)	0.27 (5.54%)	1.81 (37.17%)	1.56 (32.03%)	0.91 (18.69%)

2010年黄河流域省界断面COD浓度超标涉及省区超标取耗水、排污浓度贡献率见图6-47。

②2011年黄河干流COD浓度超标的省界断面为麻黄沟、喇嘛湾、潼关、利津4个。计算结果表明,麻黄沟断面COD浓度超标7.03

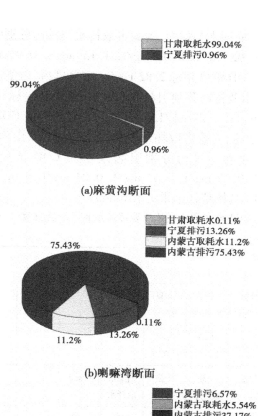

(a)麻黄沟断面

(b)喇嘛湾断面

(c)潼关断面

图 6-47 2010 年省界断面浓度超标涉及省区浓度贡献率(COD)

mg/L,甘肃取耗水、宁夏取耗水与排污分别引起该断面浓度超标 0.11 mg/L、0.05 mg/L、6.87 mg/L;喇嘛湾断面 COD 浓度超标 4.01 mg/L,

甘肃取耗水、宁夏取耗水与排污、内蒙古取耗水与排污分别引起该断面
COD 浓度超标 0.02 mg/L、0.01 mg/L、1.15 mg/L、0.92 mg/L、1.91
mg/L;潼关断面 COD 浓度超标 2.82 mg/L,宁夏排污、内蒙古取耗水与
排污、陕西排污、山西排污分别引起该断面 COD 浓度超标 0.26 mg/L、
0.2 mg/L、0.43 mg/L、1.22 mg/L、0.71 mg/L;利津断面 COD 浓度超标
1.9 mg/L,宁夏排污、内蒙古取耗水与排污、陕西排污、山西排污、河南
取耗水、山东取耗水与排污分别引起该断面 COD 浓度超标 0.01
mg/L、0.01 mg/L、0.02 mg/L、0.07 mg/L、0.04 mg/L、0.02 mg/L、0.81
mg/L、0.92 mg/L(具体统计结果见表 6-24)。

表 6-24　2011 年省界断面浓度超标涉及省区浓度贡献(COD)

(单位:mg/L)

省界断面	超标浓度	涉及上游省区浓度贡献							
麻黄沟	7.03	甘肃取耗水	宁夏取耗水	宁夏排污					
		0.11 (1.56%)	0.05 (0.71%)	6.87 (97.73%)					
喇嘛湾	4.01	甘肃取耗水	宁夏取耗水	宁夏排污	内蒙古取耗水	内蒙古排污			
		0.02 (0.5%)	0.01 (0.25%)	1.15 (28.68%)	0.92 (22.94%)	1.91 (47.63%)			
潼关	2.82	宁夏排污	内蒙古取耗水	内蒙古排污	陕西排污	山西排污			
		0.26 (9.22%)	0.2 (7.09%)	0.43 (15.25%)	1.22 (43.26%)	0.71 (25.18%)			
利津	1.9	宁夏排污	内蒙古取耗水	内蒙古排污	陕西排污	山西排污	河南取耗水	山东取耗水	山东排污
		0.01 (0.53%)	0.01 (0.53%)	0.02 (1.05%)	0.07 (3.68%)	0.04 (2.11%)	0.02 (1.05%)	0.81 (42.63%)	0.92 (48.42%)

2011年黄河流域省界断面 COD 浓度超标涉及省区超标取耗水、排污浓度贡献率见图6-48。

③2012年黄河干流 COD 浓度超标的省界断面为麻黄沟、喇嘛湾2个。计算结果表明,麻黄沟断面 COD 浓度超标 10. 01 mg/L,甘肃取耗水、宁夏取耗水与排污分别引起该断面浓度超标 0. 09 mg/L、0. 07 mg/L、9. 85 mg/L;喇嘛湾断面 COD 浓度超标 4. 59 mg/L,甘肃取耗水、宁夏取耗水与排污、内蒙古排污分别引起该断面浓度超标 0. 03 mg/L、0. 02 mg/L、3. 42 mg/L、1. 12 mg/L(具体统计结果见表6-25)。

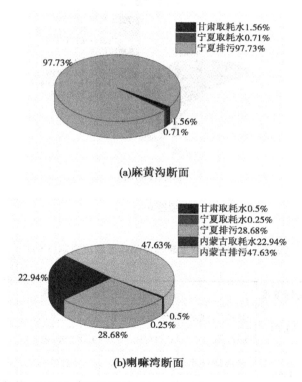

(a)麻黄沟断面

(b)喇嘛湾断面

图6-48   2011 年省界断面浓度超标涉及省区浓度贡献率(COD)

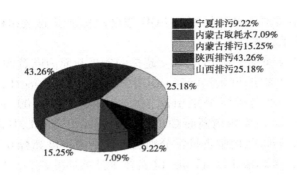

(c)潼关断面

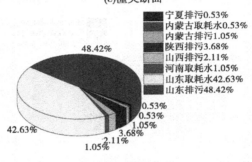
(d)利津断面

续图6-48

表6-25 2012年省界断面浓度超标涉及省区浓度贡献(COD)

(单位:mg/L)

省界断面	超标浓度	涉及上游省区浓度贡献			
麻黄沟	10.01	甘肃取耗水	宁夏取耗水	宁夏排污	
		0.09(0.9%)	0.07(0.7%)	9.85(98.4%)	
喇嘛湾	4.59	甘肃取耗水	宁夏取耗水	宁夏排污	内蒙古排污
		0.03(0.65%)	0.02(0.44%)	3.42(74.51%)	1.12(24.4%)

2012年黄河流域省界断面COD浓度超标涉及省区超标取耗水、

排污浓度贡献率见图6-49。

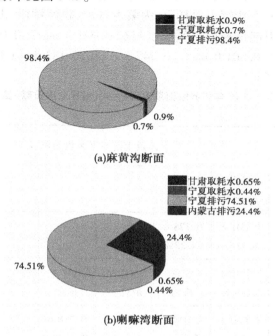

图6-49　2012年省界断面浓度超标涉及省区浓度贡献率(COD)

　　(2)2010~2012年黄河干流省界断面氨氮浓度超标涉及省区污染贡献。

　　①2010年黄河干流氨氮超标的省界断面为麻黄沟、喇嘛湾、潼关、小浪底4个。模型计算结果表明,麻黄沟断面氨氮浓度超标0.18 mg/L,是由于甘肃超标取耗水、宁夏超标排污造成的,分别引起麻黄沟断面氨氮浓度增加0.001 4 mg/L、0.178 6 mg/L;喇嘛湾断面氨氮浓度超标0.8mg/L,甘肃取耗水、宁夏排污、内蒙古取耗水、内蒙古排污分别引起该断面氨氮浓度超标0.000 3 mg/L、0.044 7 mg/L、0.036 3 mg/L、0.718 6 mg/L;潼关断面氨氮浓度超标1.04 mg/L,甘肃取耗水、宁夏排污、内蒙古取耗水、内蒙古排污、陕西排污、山西排污分别引起该断面氨氮浓度超标0.000 1 mg/L、0.014 4 mg/L、0.011 6 mg/L、0.230 6

mg/L、0. 443 7 mg/L、0. 339 5 mg/L；小浪底断面氨氮浓度超标 0. 59
mg/L，宁夏排污、内蒙古取耗水、内蒙古排污、陕西排污、山西排污、河
南排污分别引起该断面氨氮浓度超标 0. 003 3 mg/L、0. 002 7 mg/L、
0. 052 5 mg/L、0. 101 0 mg/L、0. 247 3 mg/L、0. 183 4 mg/L（具体统计
结果见表 6-26）。

表 6-26　2010 年省界断面浓度超标涉及省区浓度贡献（氨氮）

（单位：mg/L）

省界断面	超标浓度	涉及上游省区浓度贡献					
麻黄沟	0. 18	甘肃取耗水	宁夏排污				
		0. 001 4 (0. 78%)	0. 178 6 (99. 22%)				
喇嘛湾	0. 8	甘肃取耗水	宁夏排污	内蒙古取耗水	内蒙古排污		
		0. 000 3 (0. 04%)	0. 044 7 (5. 59%)	0. 036 3 (4. 54%)	0. 718 6 (89. 83%)		
潼关	1. 04	甘肃取耗水	宁夏排污	内蒙古取耗水	内蒙古排污	陕西排污	山西排污
		0. 000 1 (0. 01%)	0. 014 4 (1. 38%)	0. 011 6 (1. 12%)	0. 230 6 (22. 17%)	0. 443 7 (42. 67%)	0. 339 5 (32. 65%)
小浪底	0. 59	宁夏排污	内蒙古取耗水	内蒙古排污	陕西排污	山西排污	河南排污
		0. 003 3 (0. 56%)	0. 002 7 (0. 46%)	0. 052 5 (8. 9%)	0. 101 0 (17. 11%)	0. 247 3 (41. 9%)	0. 183 4 (31. 07%)

　　2010 年黄河流域省界断面氨氮浓度超标涉及省区超标取耗水、排
污浓度贡献率见图 6-50。

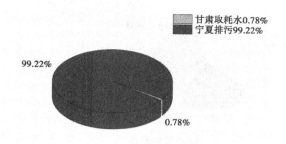

(a)麻黄沟断面

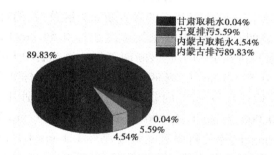

(b)喇嘛湾断面

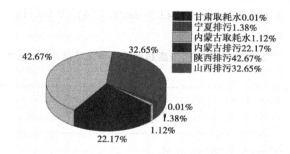

(c)潼关断面

图 6-50 2010 年省界断面浓度超标涉及省区浓度贡献率(氨氮)

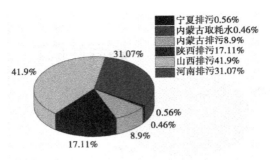

(d)小浪底断面

续图 6-50

②2011 年黄河干流氨氮超标的省界断面为麻黄沟、喇嘛湾、潼关 3 个。计算结果表明,麻黄沟断面氨氮浓度超标 0.54 mg/L,甘肃取耗水、宁夏取耗水与排污分别引起该断面氨氮浓度超标 0.003 3 mg/L、0.002 4 mg/L、0.534 3 mg/L;喇嘛湾断面氨氮浓度超标 0.5 mg/L,甘肃取耗水、宁夏取耗水与排污、内蒙古取耗水与排污分别引起该断面氨氮浓度超标 0.000 7 mg/L、0.000 5 mg/L、0.116 1 mg/L、0.024 4 mg/L、0.358 3 mg/L;潼关断面氨氮浓度超标 1.1 mg/L,甘肃取耗水、宁夏取耗水与排污、内蒙古取耗水与排污、陕西排污、山西排污分别引起该断面氨氮浓度超标 0.000 2 mg/L、0.000 1 mg/L、0.032 6 mg/L、0.006 9 mg/L、0.100 7 mg/L、0.543 5 mg/L、0.415 9 mg/L(具体统计结果见表6-27)。

表6-27　2011 年省界断面浓度超标涉及省区浓度贡献(氨氮)

(单位:mg/L)

省界断面	超标浓度	涉及上游省区浓度贡献					
		甘肃取耗水	宁夏取耗水	宁夏排污			
麻黄沟	0.54	0.003 3 (0.61%)	0.002 4 (0.44%)	0.534 3 (98.95%)			

省界断面	超标浓度	涉及上游省区浓度贡献						
喇嘛湾	0.5	甘肃取耗水	宁夏取耗水	宁夏排污	内蒙古取耗水	内蒙古排污		
		0.000 7 (0.14%)	0.000 5 (0.1%)	0.116 1 (23.22%)	0.024 4 (4.88%)	0.358 3 (71.66%)		
潼关	1.1	甘肃取耗水	宁夏取耗水	宁夏排污	内蒙古取耗水	内蒙古排污	陕西排污	山西排污
		0.000 2 (0.02%)	0.000 1 (0.01%)	0.032 6 (2.96%)	0.006 9 (0.63%)	0.100 7 (9.16%)	0.543 5 (49.41%)	0.415 9 (37.81%)

2011 年黄河流域省界断面氨氮浓度超标涉及省区超标取耗水、排污浓度贡献率见图 6-51。

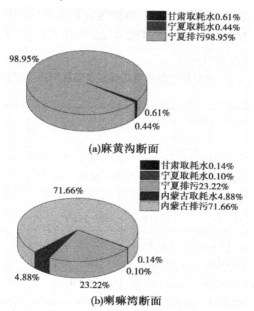

图 6-51　2011 年省界断面浓度超标涉及省区浓度贡献率（氨氮）

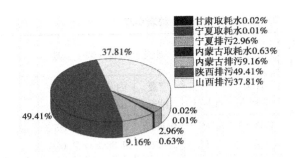

甘肃取耗水0.02%
宁夏取耗水0.01%
宁夏排污2.96%
内蒙古取耗水0.63%
内蒙古排污9.16%
陕西排污49.41%
山西排污37.81%

37.81%

49.41%

9.16% 0.63%

0.02%
0.01%
2.96%

(c)潼关断面

续图6-51

③2012年黄河干流氨氮超标的省界断面为麻黄沟、喇嘛湾2个。计算结果表明,麻黄沟断面氨氮浓度超标0.56 mg/L,甘肃取耗水、宁夏取耗水与排污分别引起该断面氨氮浓度超标0.002 1 mg/L、0.002 4 mg/L、0.555 mg/L;喇嘛湾断面氨氮浓度超标0.99 mg/L,甘肃取耗水、宁夏取耗水与排污、陕西排污、山西排污分别引起该断面氨氮浓度超标0.000 4 mg/L、0.000 4 mg/L、0.092 4 mg/L、0.508 mg/L、0.388 8 mg/L(具体统计结果见表6-28)。

表6-28 2012年省界断面浓度超标涉及省区浓度贡献(氨氮)

(单位:mg/L)

省界断面	超标浓度	涉及上游省区浓度贡献				
麻黄沟	0.56	甘肃取耗水	宁夏取耗水	宁夏排污		
		0.002 1 (0.4%)	0.002 4 (0.4%)	0.555 (99.2%)		
喇嘛湾	0.99	甘肃取耗水	宁夏取耗水	宁夏排污	陕西排污	山西排污
		0.000 4 (0.04%)	0.000 4 (0.04%)	0.092 4 (9.33%)	0.508 (51.32%)	0.388 8 (39.27%)

2012年黄河流域省界断面氨氮浓度超标涉及省区超标取耗水、排污浓度贡献率见图 6-52。

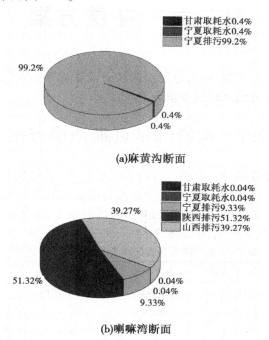

甘肃取耗水0.4%
宁夏取耗水0.4%
宁夏排污99.2%

99.2%

0.4%
0.4%

(a)麻黄沟断面

甘肃取耗水0.04%
宁夏取耗水0.04%
宁夏排污9.33%
陕西排污51.32%
山西排污39.27%

39.27%

51.32%

0.04%
0.04%
9.33%

(b)喇嘛湾断面

图 6-52 2012 年省界断面浓度超标涉及省区浓度贡献率（氨氮）

第7章 补偿方案

从水资源量贡献、用水总量控制和干流省界断面水质达标三方面着手制订黄河流域水环境补偿方案。

7.1 水资源量贡献补偿方案

根据第 4 章的补偿金测算方法和补偿标准,计算出黄河流域各省区水资源量贡献补偿方案,有 5 个省得到水资源量贡献补偿金,分别是青海、四川、甘肃、陕西和山西省,其中青海省最多,每年 2.8 亿元,山西省最少,每年 0.4 亿元,详见表 7-1。

表 7-1 黄河流域各省区水资源量贡献补偿方案

省区	多年平均地表水资源量（亿 m^3）	2011 年耗水量（亿 m^3）	扣减用水指标后所占比例（%）	补偿方案（亿元）
青海	206.8	10.53	46	2.8
四川	47.5	0.23	11	0.7
甘肃	122.1	33.23	21	1.3
宁夏	9.5	37.01	—	—
内蒙古	20.9	61.5	—	—
陕西	90.7	26.6	15	0.9
山西	49.5	20.54	7	0.4
河南	43.6	51.95	—	—
山东	16.7	78.87	—	—
流域合计	607.3	320.46	100	6.10

7.2 用水总量控制补偿方案

根据第4章的补偿金测算方法和补偿标准,计算出黄河流域各省区用水总量控制补偿方案,有3个省区需要缴纳超标用水补偿金,分别是甘肃、内蒙古和山东,其中山东省缴纳的补偿金最多,每年110.7亿元,详见表7-2。

表 7-2　黄河流域各省区用水总量控制补偿方案

省区	用水指标 （亿 m³）	2011 年耗水量 （亿 m³）	超标用水量 （亿 m³）	补偿标准 （元/m³）	补偿方案 （亿元）
青海	14.1	10.5			
四川	0.4	0.2			
甘肃	30.4	33.2	2.8	7.4	21.0
宁夏	40	37.0			
内蒙古	58.6	61.5	2.9	7.0	20.2
陕西	38	26.6			
山西	43.1	20.5			
河南	55.4	52.0			
山东	70	78.9	8.9	12.5	110.7
流域合计	350	320.4	14.6		151.9

7.3 黄河流域省界断面水质补偿方案

根据第4章的补偿金测算方法和补偿标准,以及第6章计算出的2011年省界断面超标浓度和涉及省区的贡献情况,确定黄河流域各省区省界断面水质补偿方案,除青海、四川外的7个省区均需要缴纳省界断面水质超标补偿金,其中宁夏需要缴纳的水质补偿金最多,每年5.22亿元,其次是内蒙古,每年1.21亿元,详见表7-3 ~ 表7-5。

表7-3 黄河流域省界断面 COD 超标补偿方案

COD超标断面	平均超标浓度(mg/L)	超标月份	超标月份径流量(亿m³/年)	补偿标准(元/t)	补偿总金额(亿元)	追责省区	补偿方案(亿元)
麻黄沟	7.03	1、2、3、4、5、7、8、9、10、11、12	222.37	2 500	3.91	甘肃取水 1.57% 宁夏取水 0.71% 宁夏排污 97.72%	甘肃 0.06 宁夏 3.85
喇嘛湾	4.01	4、5、7、8、9、10、12	97.58	2 500	0.97	甘肃取水 0.50% 宁夏取水 0.25% 宁夏排污 28.72% 内蒙古取水 22.93% 内蒙古排污 47.60%	甘肃 0.00 宁夏 0.28 内蒙古 0.69
潼关	2.82	1、2、3、4、5、10、12	137.61	2 500	0.97	宁夏排污 9.21% 内蒙古取水 7.09% 内蒙古排污 15.20% 陕西排污 43.30% 山西排污 25.20%	宁夏 0.09 内蒙古 0.22 陕西 0.42 山西 0.24
利津	1.9	7、10、12	114.11	2 500	0.54	宁夏排污 0.53% 内蒙古取水 0.53% 内蒙古排污 1.05% 陕西排污 3.68% 山西排污 2.11% 河南取水 1.05% 山东取水 42.63% 山东排污 48.42%	宁夏 0.00 内蒙古 0.01 陕西 0.02 山西 0.01 河南 0.01 山东 0.49

表 7-4 黄河流域省界断面氨氮超标补偿方案

COD超标断面	平均超标浓度 (mg/L)	超标月份	超标月份径流量 (亿m³/年)	补偿标准 (元/t)	补偿总金额 (亿元)	追责省区							补偿方案 (亿元)				
						甘肃取耗水	宁夏取耗水	宁夏排污	内蒙古取耗水	内蒙古排污	陕西排污	山西排污	甘肃	宁夏	内蒙古	陕西	山西
眯黄沟	0.54	1、2、3、4、5、6、7、8、9	169.34	10 000	0.92	0.61%	0.44%	98.95%					0.01	0.91			
喇嘛湾	0.5	1、2、3	41.04	10 000	0.21	0.14%	0.10%	23.22%	4.88%	71.66%			0.00	0.05	0.16		
潼关	1.1	1、2、3、4、5、11、12	131.30	10 000	1.44	0.02%	0.01%	2.96%	0.63%	9.16%	49.41%	37.81%	0.00	0.04	0.14	0.71	0.55

表7-5　黄河流域省界断面水质超标补偿方案　（单位:亿元）

省区	COD 超标补偿方案	氨氮超标补偿方案	省界水质超标补偿方案
青海	—	—	—
四川	—	—	—
甘肃	0.07	0.01	0.07
宁夏	4.22	1.00	5.22
内蒙古	0.91	0.30	1.21
陕西	0.44	0.71	1.15
山西	0.26	0.55	0.80
河南	0.01		0.01
山东	0.49		0.49
流域合计	6.40	2.57	8.95

7.4　黄河流域水环境补偿总体方案

综合以上三方面补偿方案,得出黄河流域水环境补偿总体方案,见表7-6。其中,负号表示需要缴纳的补偿金额,正号表示可以得到的补偿金额。

表7-6　黄河流域水环境补偿总体方案　　（单位:亿元）

省区	水资源量贡献补偿金	用水总量控制补偿金	省界断面水质超标补偿金	流域水环境补偿总体方案
青海	2.82			+ 2.82
四川	0.68			+ 0.68
甘肃	1.28	21.00	0.07	− 19.80
宁夏			5.22	− 5.22
内蒙古		20.24	1.21	− 21.45

省区	水资源量贡献补偿金	用水总量控制补偿金	省界断面水质超标补偿金	流域水环境补偿总体方案
陕西	0.92		1.15	-0.23
山西	0.42		0.80	-0.39
河南			0.01	-0.01
山东		110.67	0.49	-111.16
流域合计	6.12	151.91	8.95	-154.76

第8章 黄河干流省界断面水质、水量传递影响可视化系统

8.1 仿真系统设计

8.1.1 总体设计

由于传统水质模型在实际应用中存在着数据量大、计算过程复杂等问题,因此其在应用方面缺乏通用性、可操作性,且不易推广,而根据中华人民共和国水利行业标准《水利信息处理平台技术规定》(SL 538—2011)设计和建设的知识可视化综合集成支持平台,能够为水质模型应用提供有效的技术支撑和工作平台。此平台与传统平台的不同之处在于它没有具体业务功能,这是由于该平台体系框架是基于面向服务的体系架构设计的,所有的业务应用都是以知识图、组件的方式通过面向服务的体系结构(SOA)、Web Service 技术被实现。采用 SOA 体系可有效提高组件的重复利用率及灵活性,能使用户避开烦琐的代码,仅需制定相关业务组件便可组织业务应用。Web Service 是配合实现SOA 技术的集合,能实现不同的系统间的相互调用,实现了基于 Web无缝集成的目标。

黄河干流省界断面水质、水量传递影响仿真系统以综合集成平台作为环境支撑、以数据库作为基本信息支撑,辅以友好的人机交互界面,可有效实现总量影响及超标量影响两种情景下的仿真功能。仿真系统以应用主题、知识图、业务组件的形式快速搭建形成。

8.1.2 综合集成平台

8.1.2.1 平台的设计原则

综合集成平台是应用系统间的桥梁,是应用系统和数据库之间的

纽带,构建综合集成平台的目的就是满足水利中水文预报、水库调度、水文统计、水资源配置、水功能区纳污能力计算与入河污染物总量控制分配等业务的需求,使水利业务系统具有灵活性、适应性,以应对外界条件的随机性和不确定性,同时使得系统具有可操作性和适应动态变化的能力。因此,平台在设计和实现时应满足下列基本要求。

1. 资源整合

水质、水量传递影响计算需要各种数据及信息资源,这些数据及信息资源可能分布在不同地点、不同部门,数据的格式也不尽相同,有结构化的,也有非结构化的。因此,综合集成平台应能实现各种资源的整合与重用。

2. 提供开发环境

基于综合集成平台实现水质、水量传递影响计算的目的就是希望通过平台为黄河干流省界断面水质、水量传递影响仿真系统的构建提供一个集成开发环境,通过平台提供的开发环境可快速构建出具有适应性的仿真系统。因此,应用支撑平台应该提供统一的体系结构风格和环境,能为不同的功能实体提供服务和支撑。

3. 基于松耦合的信息共享

基于平台构建黄河干流省界断面水质、水量传递影响仿真系统的优点是希望通过平台将业务逻辑与底层的数据分离,以保证系统的灵活性和适应性。因此,平台应实现业务逻辑与公共服务的分离,保证信息服务的松耦合,以适应不断变化的业务和环境。

4. 可伸缩的配置

应用支撑平台应能根据业务的大小进行不同级别的配置,以保证系统合理的规模和经济性。

5. 个性化的服务

应用支撑平台能为不同的使用者提供按需而变的个性化服务,满足不同决策人员的决策需求。

6. 方便重构和扩展

在应用支撑平台中,黄河干流省界断面水质、水量传递影响仿真系统应能根据传递影响计算的需求很容易重构和扩展。

7. 提高应用系统开发效率

应用支撑平台应能够提高黄河干流省界断面水质、水量传递影响仿真系统的开发效率,并使得系统具有一定的鲁棒性;应通过组件搭建的方式灵活构建应用系统,并能够通过简洁的方式增加、修改、删除系统的业务功能。

8.1.2.2 平台的技术模型

采用 SOA、SaaS、PaaS 等面向服务的信息化整合技术,对信息服务、决策服务实施有机集成,在计算服务的支持下构建综合集成平台,为整个信息化系统提供一体化的服务模型和操作接口,并实现远程及分布式结构的服务框架,可为多层次、多方面的决策和管理操作提供方便、快捷的途径。综合集成平台的技术模型如图 8-1 所示。

根据平台的技术模型,平台主要包括应用服务控制层、人机交互服务层、业务逻辑服务层、外部应用服务层、服务访问接口、人机交互访问接口、业务逻辑访问接口和外部应用访问接口。外部应用服务层、外部应用访问接口根据用户需要可以归为平台的一部分,也可以作为平台的外部。

8.1.2.3 平台的总体架构

综合集成平台的总体架构共分为四层,分别是支撑层、资源层、综合集成层和用户层。其中包括数据库资源、P2P 技术、组件、知识图等核心部分的设计。综合集成平台总体架构如图 8-2 所示。

1. 支撑层

Gnutella 网、P2P 技术和信息网络是综合集成平台的主要技术支撑。P2P 技术是一种对等连接技术,可以使本地用户直接连接异地用户计算机,实现异地用户之间的信息和文件的共享,与传统的 B/S 和 C/S 访问模式有很大区别。以 Gnutella 网和 P2P 为主要技术作为支撑环境,可以实现网络资源共享,同时可实现知识图的共享,从而很方便地实现知识的传递、共享与创新。

2. 资源层

资源层主要为系统提供数据资源、模型库、专家库、意见库、研讨现场库和知识库资源。

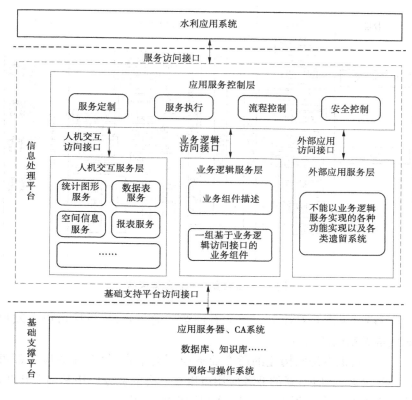

图 8-1　综合集成平台技术模型

（1）数据资源包括各种数据库的数据资源、信息资源等，对于水质、水量传递影响而言，包括污染物实测浓度等基础数据资源以及河段长度、流速、降解系数等，这些数据资源都是进行水质、水量传递影响的基础。

（2）模型库主要是业务应用需要的各种算法模型，对于水质、水量传递影响而言，主要包括断面浓度计算、贡献率计算等。模型库建立后，可以随时定制合适的模型进行应用。

（3）专家库由诸多相关领域的专家组成，可以随时对业务应用进行指导。

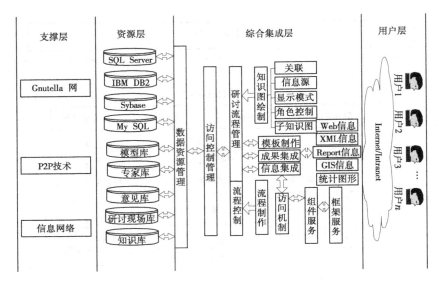

图 8-2　综合集成平台总体架构

（4）意见库是对业务应用的有利意见的集合，意见库可以有效地避免常见错误的发生。

（5）知识库是已构建的所有业务应用的集合，每个业务应用都可认为是已有的知识，新的业务应用可以在已有的业务应用基础上开展，从而实现对已有知识重新利用，实现知识的累积。

3. 综合集成层

综合集成层主要包括数据资源管理、访问控制管理和研讨流程管理等以及流程控制、流程制作、知识图绘制、组件服务、框架服务等业务应用基础服务，还包括 Web 信息、XML 信息、Report 信息、GIS 信息等信息共享服务。通过将数据变成信息，将信息转化成知识，知识变成组件，组件搭建成业务应用，实现信息的综合集成。

4. 用户层

通过用户层，用户可以实现组件的定制和业务应用系统的搭建，实现业务应用。

8.1.2.4 平台的功能设计

以快速灵活构建黄河干流省界断面水质、水量传递影响仿真系统，满足传递影响计算需求为出发点，确定综合集成平台的主要功能包括知识图绘制与管理、服务定制与关联、多元信息展示、平台管理四大类，其功能模块图如图 8-3 所示。

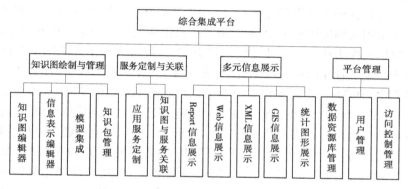

图 8-3 综合集成平台的功能模块图

1. 知识图绘制与管理

知识图绘制与管理的主要功能是提供黄河干流省界断面水质、水量传递影响仿真系统应用知识图的绘制与管理，平台应具有知识图绘制工具编辑器，包括节点绘制，关联关系绘制，字体、颜色设置等，同时应具有知识图打包、存储、查询、修改等管理功能。

2. 服务定制与关联

服务定制与关联的主要功能是通过平台提供服务组件(信息类服务组件、模型方法类服务组件)定制以及服务组件与知识图关联的功能。

3. 多元信息展示

平台提供 Web 信息、XML 信息、GIS 信息集成与展示功能，并提供报表制作功能，通过多种统计图形方式可视化展示信息。

4. 平台管理

平台管理提供平台下的数据资源库管理、网络配置、用户管理以及访问控制管理等功能。

8.1.3 知识可视化技术

　　基于业务组件,业务系统的开发采用图形化编程方式,通过知识图,以主题的方式来描述和组织应用,把复杂、烦琐、费时的语言编程简化成菜单或图标提示的模式,通过选择带有可视化描述特征的组件,并用线条把各种业务组件连接起来,如图 8-4 所示。把服务组合框架和工作流引入到应用框架中,通过业务编排形成与服务对应的作业模型,以数据流作为纳污能力计算的编程方式,程序框图中节点之间的数据流向决定了程序的执行顺序(图标表示任务,连线表示数据流向,产生的程序为框图形式),实现上级业务组件的输入流与下级业务组件的输出流的对接,以数据流模式完成业务组件之间的数据信息交换,通过业务组件内部的算法来处理数据信息,形成一种以专业主题为特色、以个性化服务为特征可编辑、可重用、机制灵活的业务服务环境,如图 8-5所示。一个按需构建的空间信息服务平台,进而合理化部署业务应用,便于业务节点调度方案的实现,也有利于展开动态纳污能力计算应用的细化研究和分层研究。

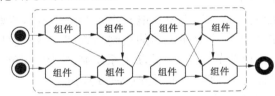

图 8-4　业务组件编排示意图

　　随着传递影响计算应用数量的增多,知识图将逐步以可反向解析的文件方式积累,也可以依靠传递影响组件的修改、更换使传递影响仿真系统得以完善,从而在提高系统的灵活性和扩展性的同时,为传递影响计算应用服务积累大量业务知识;同时,知识图中的业务组件还具有可视化特征,为用户提供了多样性的业务活动状态信息和数据流信息的展示方案,实现了知识内容的可视化和知识产生过程的可视化,丰富了决策成果的直观表现。

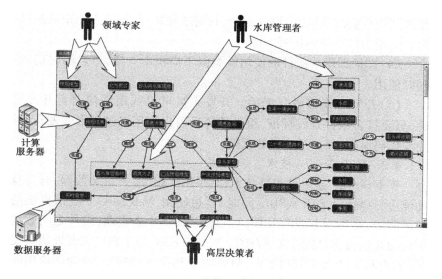

图 8-5　知识可视化服务

8.1.4　组件开发技术

8.1.4.1　组件技术

　　组件具备复用、封装、组装、定制、自治性、粗粒度、集成和契约性接口的特征。组件的这些特征使得其在应用开发方面具有以下特点:软件重用和高度的互操作性、实现细节透明和接口的可靠性、良好的可扩展性、即插即用以及与开发与编程语言无关。所以,易于实现系统组件的替换与集成,提高了系统的可维护性,缩短了系统的开发周期,提高了系统的开发效率。

　　组件具有以下特点:

　　(1)重用性和互操作性强。重用是组件的最大特色,指完成某一系统时,多个模块的软件可以重复利用,而不需要重新写代码实现。

　　(2)实现细节透明。组件在运行过程中,输入和输出接口完全是透明的,它的实现和功能完全分离,从而对于应用组件来说,只关心输入和输出两个接口即可,无须关心组件内部。

　　(3)良好的可扩展性。每个组件都是独立的,有其独特功能,若需要组件提供新的功能,对组件来说,只需增加接口,不改变原来的接口,从而实现组件功能的扩展。

(4)即插即用。组件的使用就类似于搭积木一样,可以随时搭建,随时使用。

(5)开发与编程语言无关。开发人员可以选用任何语言开发组件,只要符合组件开发标准,组件编译后可以采用二进制形式发布,避免源代码泄露,保护开发者的版权。

8.1.4.2　Web Service 技术

Web Service 是一种组件技术,其采用 XML 格式封装数据,对自身功能进行描述时采用 WSDL,同时,要想使用 Web Service 技术提供的各种服务,必须对其进行注册,可以使用 UDDI 来实现,组件之间数据的传输是通过 SOAP 协议进行的。Web Service 与平台以及开发语言无关,无论基于什么语言和平台,只要指定其位置和接口,就能在应用端通过 SOAP 实现接口的调用,同时得到返回值。

虽然传统的组件技术(如 DCOM)也可以进行远程调用,但其使用的通信协议不是 Internet 协议,就会有防火墙的障碍,也不能实现Internet共享,并且它们由不同公司提出,采用的规范不一致,因而不能通用。

Web Service 主要建立在服务提供者、服务请求者和服务注册中心之间相互交互的基础之上,交互的内容主要有查找、发布和绑定。三者之间的关系如图8-6所示。

图8-6　Web Service 体系结构

8.1.4.3　SOA 架构

面向服务的体系结构(SOA)是一个组件模型,它可以通过服务之间定义良好的接口和契约,将应用程序的不同功能单元联系起来。

　　SOA 强调将现存的应用系统集成,而且对于以后开发的新系统来说,也要遵循相关的规则。从应用开发分工来看,组件在应用开发中往往扮演服务组装与实现角色,而 SOA 则是表现层的软件组件化。

8.2　系统实现与实例仿真

　　黄河干流省界断面水质、水量传递影响仿真系统是以综合集成平台为技术支撑,通过 SOA、Web Service 等技术将模型组件化,运用知识图、组件、可视化工机具快速、灵活搭建而成的。系统具有动态性强、通用性强的特点,易于操作,便于推广应用。

　　黄河干流省界断面水质、水量传递影响仿真系统实现的主要功能有基础数据录入,参数调整,总量影响下的断面浓度计算,各省区对省界断面浓度贡献率计算,超标量影响下的超标引水引起的污染物浓度变化计算,仅考虑超标量的污染物传递影响。系统功能模块划分如图 8-7 所示。

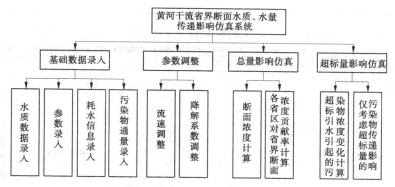

图 8-7　黄河干流省界断面水质、水量传递影响仿真系统功能模块图

8.2.1　系统实现

　　黄河干流省界断面水质、水量传递影响仿真系统应用状态界面如图 8-8 所示,图中所有图标都是节点,钟表为时间,污染物类型选择节点,矩形图标为基础数据录入及两种情景下的断面污染物浓度统计节点,黄河概化图上的圆点为断面的概化点,图钉图标为参数调整节点。图 8-9 所示为知识图绘制及应用构建界面,各节点之间由带有方向的连接线相连,链接的方向代表了节点间的数据流向。每个节点下面都添加了相应的服务组件来进行业务的应用,根据需要可把知识图中的部分计算节点、数据流向线进行隐藏,应用状态下将不显示相应节点。

图 8-8 黄河干流省界断面水质、水量传递影响仿真系统应用状态界面

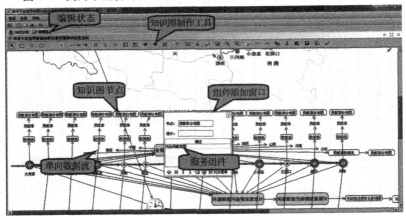

图 8-9 黄河干流省界断面水质、水量传递影响
仿真系统知识图绘制及应用构建界面

系统实现的功能如下：

（1）基础数据录入。系统通过嵌入平台系统中的网页进行基础数据的录入，网页与数据库相连，数据提交之后直接存入水质、水量传递影响数据库中，方便随时取用。基础数据录入共分为四类：水质数据录入、参数录入、耗水信息录入的及污染物通量录入。水质数据录入的主要功能为录入省界断面的污染物实测浓度值；参数录入界面可录入河道计算单元的污染物降解系数以及流速信息；污染物通量录入主要为录入各省界断面的污染物年通量信息。录入的信息都可按照时间、污染物类型进行选择。基础数据录入界面如图 8-10 所示。

图 8-10　基础数据录入界面

（2）参数调整。由于水质模型参数存在测量误差难以控制、主观性强、参数估计方法多等不确定因素，因此计算结果的准确性受到影响。系统可对河道断面的流速及降解系数进行调整，使得参数更改便捷度大大提高，极大地减少了计算量。打开参数调整窗口后显示的流速与降解系数数值为数据库中存储的参数，用户可以输入新的参数进行修改，提交之后即可使用新的参数进行计算。参数调整界面如图 8-11 所示。

（3）总量影响仿真。系统可实现污染物浓度计算、各省区对断面的污染物浓度贡献率计算等功能。

图 8-11　参数调整界面

(4)超标量影响仿真。系统可实现断面指标取耗水浓度计算、超指标取耗水浓度计算、超标引水引起的污染物浓度变化,以及仅考虑超标量的污染物传递影响等功能。

8.2.2　实例仿真

黄河干流省界断面水质、水量传递影响仿真系统分为总量影响、超标量影响两种情景进行仿真。系统计算流程如图 8-12 所示。

8.2.2.1　总量影响

黄河干流省界断面水质、水量传递影响仿真系统是对上游省区取耗水、排污对下游断面水质影响的仿真,某一断面的污染物浓度是根据上一断面的污染物浓度输出所得的。因此,断面浓度计算组件间以串联模式组织实现水质传递影响系统体系,其中上一断面的污染物浓度输出信息为下一断面污染物浓度的输入,单个断面浓度计算组件输出结果为统计组件的输入,数据流通均为单向。用户可在"时间与污染物类型"选择窗口中输入所需计算的时间,如"2011",点击污染物选择下拉菜单,选择 COD 或 NH_3—N 两种污染物。点击系统中的各断面节点,选择浓度计算,则出现所选时间所选断面的污染物浓度沿程变化结果,并可根据计算结果画出涉及省区对该断面污染贡献率饼状图。图 8-13 右上为黄河干流河道断面污染物浓度变化的统计结果(结果见

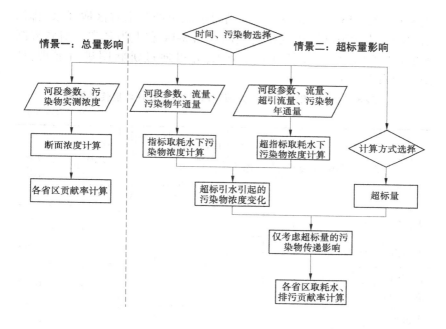

图 8-12　实例仿真计算流程

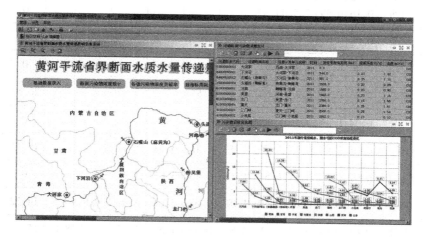

图 8-13　河道污染物浓度统计结果

表8-1），图8-13右下为根据统计结果绘制出的各个省区取耗水、排污引起的污染物浓度沿程变化折线图。图8-14右上为各省区对省界断面的污染物浓度贡献率的统计结果，并可通过饼状图进行展现，如图8-14右下所示。

表8-1　2011年黄河流域大河家以下断面COD浓度传递影响

（单位：mg/L）

河道断面名称	青海	甘肃	宁夏	内蒙古	陕西	山西（喇嘛湾—潼关）	山西（潼关—小浪底）	河南（潼关—小浪底）	河南（小浪底—高村）	山东	实测浓度
大河家	7.68										7.68
下河沿	3.14	11.58									14.72
石嘴山（麻黄沟）	1.3	4.79	20.33								26.42
头道拐（喇嘛湾）	0.22	0.8	3.4	16.28							20.7
河曲	0.16	0.59	2.5	11.97							0
吴堡	0.09	0.33	1.38	6.62							0
龙门	0.06	0.23	0.95	4.57							0
潼关	0.05	0.18	0.75	3.63	10.03	5.87					20.51
三门峡	0.04	0.14	0.59	2.85	7.87	4.61					0
小浪底	0.01	0.04	0.15	0.71	1.97	1.15	5.54	5.54			15.11
花园口	0.01	0.03	0.11	0.51	1.41	0.83	3.97	3.97			0
高村	0.01	0.02	0.08	0.39	1.07	0.63	3.01	3.01	6.5		14.72
利津	0.01	0.01	0.04	0.2	0.56	0.33	1.57	1.57	3.38	8.04	15.71

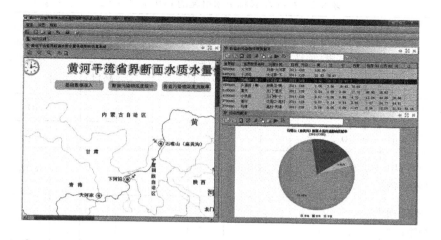

图 8-14   各省区污染物浓度贡献率结果

8.2.2.2   超标量影响

1. 超标引水引起的污染物浓度变化

超标引水引起的污染物浓度变化,是以某省区超指标取耗水下的污染物浓度与指标取耗水下的污染物浓度之差作为该省界断面的浓度值代入水质、水量传递影响模型进行计算的。因此,需以超指标取耗水的污染物浓度与指标取耗水的污染物浓度结果作为输入。其数据流方式与断面浓度计算组件类似,上一断面的污染物浓度输出作为下一断面的污染物浓度输入,单一断面的浓度输出作为浓度统计组件的输入,数据流通均为单向。系统可计算出断面指标取耗水下的污染物浓度及超指标取耗水下的污染物浓度,并可根据其差值计算出超标引水引起的污染物浓度变化,结果见表 8-2。

此外,系统还可对超指标取耗水省区的超指标取耗水的污染物浓度、指标取耗水的污染物浓度进行统计对比,并通过表格及柱状图的形式进行展现,如图 8-15 右侧所示。

表 8-2　2011 年超标引水引起的 COD 浓度变化（单位：mg/L）

河道断面名称	青海	甘肃	宁夏	内蒙古	陕西	山西（喇嘛湾—潼关）	山西（潼关—小浪底）	河南（潼关—小浪底）	河南（小浪底—高村）	山东	实测浓度
大河家	0										0
下河沿	0	0.27									0.27
石嘴山（麻黄沟）	0	0.11	0.05								0.16
头道拐（喇嘛湾）	0	0.02	0.01	0.91							0.94
河曲	0	0.01	0.01	0.67							0.69
吴堡	0	0.01	0	0.37							0.38
龙门	0	0.01	0	0.26							0.27
潼关	0	0	0	0.2	0	0					0.20
三门峡	0	0	0	0.16	0	0	0				0.16
小浪底	0	0	0	0.04	0	0	0	0			0.04
花园口	0	0	0	0.03	0	0	0	0			0.03
高村	0	0	0	0.02	0	0	0	0	0.04		0.06
利津	0	0	0	0.01	0	0	0	0	0.02	0.8	0.83

　　2. 仅考虑超标量的污染物传递影响

　　仅考虑超标量的污染物传递影响，是以超标引水引起的断面浓度变化以及超标量作为输入进行计算，得到超标排污引起的浓度变化。超标量有两种计算方式：一种以考核不达标断面的年平均浓度与水质目标之差作为超标量，另一种以超标月平均浓度与水质目标之差作为

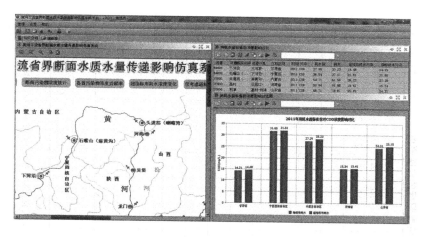

图 8-15 2011 年黄河流域取耗水超标省区对 COD 浓度影响对比

超标量。具体选择可根据需求做出调整,在"时间与污染物类型"选择窗口中点击"计算方式"下拉框,选择"达标率"或"年平均"两种计算方式。计算结果以表格形式展现(见表 8-3),并可对各断面污染物超标涉及省区取耗水、排污贡献率以饼状图形式展现,如图 8-16 右侧所示。

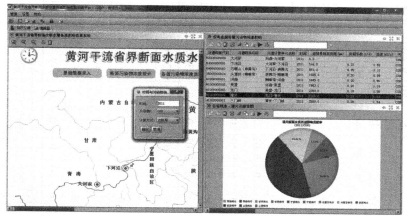

图 8-16 2011 年潼关断面 COD 超标涉及省区污染贡献率

表8-3 2011年各省区取耗水、排污对省界断面COD浓度超标的传递影响 （单位:mg/L）

断面名称	青海*	青海&	甘肃*	甘肃&	宁夏*	宁夏&	内蒙古*	内蒙古&	陕西*	陕西&	山西1*	山西1&	山西2*	山西2&	河南1*	河南1&	河南2*	河南2&	山东*	山东&	超标合计
大河家	0																				0
下河沿	0	0	0.27	0																	0.27
石嘴山	0	0	0.11	0	0.05	6.87															7.03
头道拐	0	0	0.02	0	0.01	1.16	0.91	2.04													4.14
河曲	0	0	0.01	0	0.01	0.85	0.67	1.5													3.04
吴堡	0	0	0.01	0	0	0.47	0.37	0.83													1.68
龙门	0	0	0.01	0	0	0.32	0.26	0.57													1.16
潼关	0	0	0	0	0	0.26	0.2	0.45	0	1.2	0	0.7									2.81
三门峡	0	0	0	0	0	0.2	0.16	0.36	0	0.94	0	0.55									2.21
小浪底	0	0	0	0	0	0.05	0.04	0.09	0	0.24	0	0.14	0	0	0	0					0.56
花园口	0	0	0	0	0	0.04	0.03	0.06	0	0.17	0	0.1	0	0	0	0					0.40
高村	0	0	0	0	0	0.03	0.02	0.05	0	0.13	0	0.08	0	0	0	0	0.04	0			0.35
利津	0	0	0	0	0	0.01	0.01	0.03	0	0.07	0	0.04	0	0	0	0	0.02	0	0.8	0.96	1.94

注:1.*代表本省区取耗水影响,&代表本省排污影响。
2.山西1代表山西(喇嘛湾—潼关)段,山西2代表山西(潼关—小浪底)段;河南1代表河南(潼关—小浪底)段,河南2代表河南(小浪底—高村)段。

参考文献

[1] 禹雪中,李锦秀,骆辉煌,等.河流水污染损失补偿模型研究[J].长江流域资源与环境,2007,16(1):57-61.

[2] 赖力,黄贤金,刘伟良.生态补偿理论、方法研究进展[J].生态学报,2008,28(6):2870-2877.

[3] 孙新章,周海林.我国生态补偿制度建设的突出问题与重大战略对策[J].中国人口资源与环境,2008,18(5):139-143.

[4] 何承耕.多时空尺度视野下的生态补偿理论与应用研究[D].福州:福建师范大学,2007.

[5] 朱桂香.国外流域生态补偿的实践模式及对我国的启示[J].中州学刊,2008(5):69-71.

[6] 赵玉山,朱桂香.国外流域生态补偿的实践模式及对中国的借鉴意义[J].世界农业,2008(4):14-17.

[7] 吕晋.国外水源保护区的生态补偿机制研究[J].中国环保产业,2009(1):64-67.

[8] 王潇,张政民,姚桂蓉,等.生态补偿概念探析[J].环境科学与管理,2008,33(8):161-165.

[9] 谢剑斌,何承耕,钟全林.对生态补偿概念及两个研究层面的反思[J].亚热带资源与环境学报,2008,3(2):57-64.

[10] 王丰年.论生态补偿的原则和机制[J].自然辩证法研究,2006,22(1):31-35.

[11] 李克国.对生态补偿政策的几点思考[J].中国环境管理干部学院学报,2007,17(1):19-22.

[12] 周映华.流域生态补偿及其模式初探[J].水利发展研究,2008,8(3):11-16.

[13] 周映华.我国地方政府流域生态补偿的困境与探索[J].珠江现代建设,2008(3):4-7.

[14] 沈满洪,陆菁.论生态保护补偿机制[J].浙江学刊,2004(4):217-220.

[15] 张郁,丁四保.基于主体功能区划的流域生态补偿机制[J].经济地理,2008,

28(5):849-852.

[16] 阮本清,许凤冉,张春玲.流域生态补偿研究进展与实践[J].水利学报,2008,39(10):1220-1225.

[17] 冉光和,徐继龙,于法稳.政府主导型的长江流域生态补偿机制研究[J].生态环境,2009(2):372-374,381.

[18] 宋鹏飞,张震云,郝占庆.关于建立和完善中国生态补偿机制的思考[J].生态学杂志,2008,27(10):1814-1817.

[19] 王军锋,侯超波.中国流域生态补偿机制实施框架与补偿模式研究——基于补偿资金来源的视角[J].中国人口资源与环境,2013,22(2):23-29.

[20] 丛澜,徐威.福建省建立流域生态补偿机制的实践与思考[J].环境保护,2006(10A):29-33.

[21] 郭梅,彭晓春,滕宏林.东江流域基于水质的水资源有偿使用与生态补偿机制[J].水资源保护,2011,27(3):86-90.

[22] 张惠远,刘桂环.我国流域生态补偿机制设计[J].环境保护,2006(10A):49-54.

[23] 万军,张惠远,王金南,等.中国生态补偿政策评估与框架初探[J].环境科学研究,2005,18(2):1-8.

[24] 刘玉龙,阮本清,张春玲,等.从生态补偿到流域生态共建共享——兼以新安江流域为例的机制探讨[J].中国水利,2006(10):4-8.

[25] 孔凡斌.江河源头水源涵养生态功能区生态补偿机制研究——以江西东江源区为例[J].经济地理,2010,30(2):299-305.

[26] 魏楚,沈满洪.基于污染权角度的流域生态补偿模型及应用[J].中国人口资源与环境,2011,21(6):135-141.

[27] 刘玉龙,许凤冉,张春玲.流域生态补偿标准计算模型研究[J].中国水利,2006(22):35-38.

[28] 胡熠,李建建.闽江流域上下游生态补偿标准与测算方法[J].发展研究,2006(11):95-97.

[29] 王军锋,侯超波,闫勇.政府主导型流域生态补偿机制研究——对子牙河流域生态补偿机制的思考[J].中国人口资源与环境,2011,21(7):101-106.

[30] 赵光洲,陈妍竹.我国流域生态补偿机制探讨[J].经济问题探索,2010(1):6-11.

[31] 李锦秀,廖文根,陈敏建,等.我国水污染经济损失估算[J].中国水利,2003,(21):63-66.

[32] 中国水利水电科学研究院.三江源区水生态补偿机制与政策研究[R].北京:中国水利水电科学研究院,2014.

[33] 黄河水资源保护科学研究所.黄河流域与水有关生态补偿案例研究[R].郑州:黄河水资源保护科学研究所,2011.

[34] 杜受枯.环境经济学——理论探讨与实证研究[M].北京:中国大百科全书出版社,2001.

[35] Deserpa. Pigou and Coase in PersPeetive [J]. Cambridge Joural of Economics, 1993(17):27-50.

[36] 夏光,赵毅红.中国环境污染损失的经济计量与研究[J].管理世界,1995(6):198-205.

[37] 徐嵩龄.中国环境破坏的经济损失计量实例与理论研究[M].北京:中国环境科学出版社,1998.

[38] 雷明.可持续发展下的绿色核算——资源–经济–环境综合核算[M].北京:地质出版社,1999.

[39] 李克国.生态环境补偿政策的理论与实践[J].环境科学动态,2000(2):8-11.

[40] 毛显强,钟瑜,张胜.生态补偿的理论探讨[J].中国人口资源与环境,2002(4):38-41.

[41] 曹明德.对建立我国生态补偿制度的思考[J].法学,2004(3):40-43.

[42] 潘玉君,张谦舵.区域生态环境建设补偿问题的初步探讨[J].经济地理,2003,23(4):520-523.

[43] 叶文虎,魏斌.城市生态补偿能力衡量和应用[J].中国环境科学,1998,18(4):298-301.

[44] 洪尚群,马丕京,郭慧光.生态补偿制度的探索[J].环境科学与技术,2001(5):40-43.

[45] 毛锋,曾香.生态补偿的机理与准则[J].生态学报,2006,26(11):3841-3846.

[46] 郭志建,葛颜祥,范芳玉.基于水质和水量的流域逐级补偿制度研究——以大汶河流域为例[J].中国农业资源与区划,2013(1):96-102.

[47] 水利水电规划设计总院.建立和完善与水相关生态补偿机制研究[R].北京:水利水电规划设计总院,2012.

[48] 中国环境与发展国际合作委员会.生态补偿机制课题组报告[R].北京:中国环境与发展国际合作委员会,2005.

[49] 曾娜.跨界流域生态补偿机制的实践与反思[J].云南农业大学学报:社会科学版,2010(4):37-40.

[50] 程滨,田仁生,董战峰.我国流域生态补偿标准实践:模式与评价[J].生态经济,2012(4):24-29.

[51] 郑海霞.中国流域生态服务补偿机制与政策研究——基于典型案例的实证研究[M].北京:中国经济出版社,2010.